气象PBL项目式学习 学生手册

中国气象局气象影视中心
气象科学科普工作室 编著

气象出版社
China Meteorological Press

图书在版编目（CIP）数据

气象PBL项目式学习. 学生手册 / 中国气象局气象影视中心，气象科学科普工作室编著. -- 北京 : 气象出版社，2023.12
ISBN 978-7-5029-8096-2

Ⅰ. ①气… Ⅱ. ①中… ②气… Ⅲ. ①气象学—青少年读物 Ⅳ. ①P4-49

中国国家版本馆CIP数据核字(2023)第215563号

审图号：GS京（2024）0485号

Qixiang PBL Xiangmushi Xuexi —— Xuesheng Shouce

气象 PBL 项目式学习——学生手册

出版发行：气象出版社
地　　址：北京市海淀区中关村南大街46号　　**邮　　编**：100081
电　　话：010-68407112（总编室）　010-68408042（发行部）
网　　址：http://www.qxcbs.com　　**E-mail**：qxcbs@cma.gov.cn
责任编辑：王萃萃　　**终　　审**：张　斌
责任校对：张硕杰　　**责任技编**：赵相宁
封面设计：楠竹文化
印　　刷：北京建宏印刷有限公司
开　　本：880 mm × 1230 mm　1/16　　**印　　张**：6.75
字　　数：92千字
版　　次：2023年12月第1版　　**印　　次**：2023年12月第1次印刷
定　　价：75.00元

本书如存在文字不清、漏印以及缺页、倒页、脱页等，请与本社发行部联系调换。

编著成员

总 策 划：李海胜　张　明
卫晓莉　张亚非

顾　　问：朱定真　谢文辉

策　　划：董丽丽

编 写 组：苏　飞　徐　鹏　龚　伟　孙　宽　杨龙杰
解　骅　王元勠　敦铂予　赵怀艳

编著单位

中国气象局气象影视中心
气象科学科普工作室

序　言

气象科普教育是提高青少年科学素质和解决问题能力的重要途径之一。为全面落实国务院《全民科学素质行动规划纲要(2021—2035年)》《气象高质量发展纲要(2022—2035年)》以及教育部等十八部门联合印发的《关于加强新时代中小学科学教育工作的意见》，本书依照《义务教育科学课程标准（2022年版）》，适应科技发展和产业变革需要，强化了科学课程在动手实践、实验探究和创新思维培养等方面的要求，以气象PBL（Project Based Learning，基于项目的学习方式）项目式学习的方式，强调跨学科综合实践能力等育人理念，围绕便携式智慧气象站设计制作、天气预报制作、气象+海绵城市、气象+碳中和、怎样成为天气主播等主题，以实际问题为引导，通过项目式学习的方式，激发读者的学习兴趣，培养读者的创新思维和实践能力，让读者掌握发现问题、学习知识、解决问题、进行验证的逻辑方法。在深度普及气象知识的同时，提供更加优质的科学教育、全面提高学生科学素质、培育科学家潜质、愿意献身科学研究精神，同时促进解决生活中实际问题的能力。

本书由气象科学科普工作室组织编写，编写团队包括经验丰富的气象专家和科普教育专家，结合真实案例和实践经验，精心设计了本书的内容和结构。本书的语言通俗易懂，深入浅出，适合广大青少年读者阅读和使用。

在此，我们要感谢所有参与本书编写和出版的专家和工作人员，是他们的辛勤付出和共同努力，才使得本书得以顺利出版。同时，我们也要感谢本书的读者，是您的支持和关注，让我们有动力和信心继续为气象科普事业贡献自己的力量。

最后，我们希望您能够在阅读本书的过程中，不断思考、探索和实践，为应对全球气候变化和推动气象科普事业的发展贡献自己的智慧和力量。

祝您阅读愉快！

（朱定真）

2023 年 12 月

目　录

主题三　气象 + 海绵城市

主题四　气象 + 碳中和

主题五 成为天气主播

本书可以搭配由中国气象局气象影视中心、气象科学科普工作室设计开发的《气象 PBL 项目式学习》配套教具使用

主题一

便携式智慧气象站

一 引言

二 知识补能站

三 实践：设计便携式智慧气象站

四 评价

一　引　言

（一）为什么我们需要便携式智慧气象站

我们已经有天气预报了，为什么还需要便携式智慧气象站呢？答案是为了更精准的气象观测。

“智慧气象”的内涵包括智能的感知、精准的预测、普惠的服务、科学的管理、持续的创新五个方面。其中，普惠的服务是指能敏捷响应社会需求，并将“智慧气象”的元素融入各行各业和人们衣食住行之中，让人人都能享受到个性化、专业化的高端气象服务，并在生产生活的决策中获得巨大的经济、社会价值和最佳体验。这一点目前尚未完全实现，家用气象站可以成为填补这一方面空白的措施之一。

在普通人眼中，气象观测一直是神秘的存在。从古代创造出来的候风地动仪、雨量器到现代气象监测所用的卫星、雷达和气象采集站点，在人们印象当中，气象观测设备一直带有“体积有一点大、美感有一点欠缺、操作有一点专业”的标签。你所见过的气象站，是不是都长这个样子呢？

（二）探讨乐园：未来的气象站

早在 2018 年，中国气象局就出台了《社会气象观测发展指导意见》，旨在推动建立健全社会气象观测标准规范、信息共享和评价激励机制，形成公众、企业、社会机构等多方参与的社会气象观测主体，实现社会气象观测数据统一收集、存储，鼓励和引导社会各界开展气象大数据融合应用。随着社会化气象监测的推广普及，更多的公众、企业及社会机构参与到社会气象观测事业中来，这将导致更多的微型气象站、简易气象站、家用气象站出现在我们的生活中。

你见过这样的气象站吗？

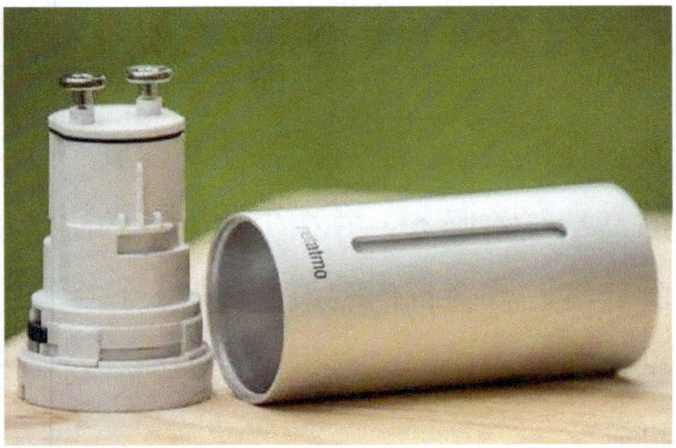

你觉得未来的气象站会是什么样子？便携式智慧气象站应该符合什么特点呢？

二　知识补能站

（一）知识阅览室

气象传感器

要观测天气信息，就需要用到传感器了，以下是常用的几种观测温度、湿度、气压等数据的传感器。

1. DS18B20 温度传感器

DS18B20 温度传感器是一款常用的数字温度传感器，其输出的是数字信号，具有体积小、硬件开销低、抗干扰能力强、精度高的特点。装后的 DS18B20 温度传感器可用于电缆沟测温、高炉水循环测温、锅炉测温、机房测温、农业大棚测温、洁净室测温和弹药库测温等各种非极限温度场合。耐磨耐碰，体积小，使用方便，封装形式多样，适用于各种狭小空间设备数字测温和控制领域。

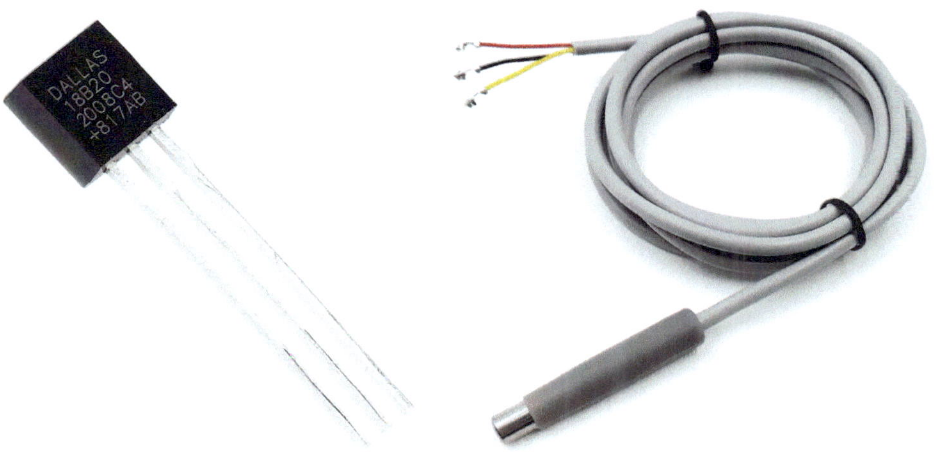

不同封装形式的 DS18B20 温度传感器

2. DHT11 数字温湿度传感器

DHT11 数字温湿度传感器是一款含有已校准数字信号输出的温湿度复合传

感器。它应用专用的数字模块采集技术和温湿度传感技术，确保产品的可靠性与稳定性，同时，它还具备成本低、相对湿度和温度测量快响应、抗干扰能力强、信号传输距离长、数字信号输出精确校准的优势。传感器包括一个电容式感湿元件和一个 NTC 测温元件，并与一个高性能 8 位单片机相连接。可用于暖通空调、除湿器、测试及检测设备、消费品、汽车、自动控制、数据记录器、气象站、家电、湿度调节器、医疗和其他相关湿度检测控制。

DHT11 温湿度传感器

3. BME280 环境传感器（温度 / 湿度 / 气压）

BME280 环境传感器，可感知环境温度、湿度和大气压强，支持 I2C 和 SPI 接口，兼容 3.3 V/5 V 电平。它的尺寸小，功耗低、精度高且稳定性好，适用于环境监测、天气预测、海拔高度监测和物联网等应用场景。

BME280 环境传感器

想一想，这些传感器可以在智慧家用气象站中发挥什么作用呢？

（二）编程实验室

了解了一些传感器后，我们要将它们运用到实践中了。

1. 实验目的

利用所给器材，熟悉米思齐（Mixly）编程软件的基础操作，以及常用传感器的使用。

2. 实验器材

Arduinonano 主板、DS18B20 温度传感器、DHT11 数字温湿度传感器、BME280 环境传感器、LCD 液晶显示屏、杜邦线等（选择其中一种传感器即可）。

Arduinonano 主板

LCD 液晶显示屏

杜邦线

3. 实验步骤

第一步：按照实验图，用杜邦线将传感器、显示屏、主板连接在一起（注意连接的引脚）。

第二步：使用米思齐电脑客户端进行程序的编写。可能用到的米思齐模块包括以下几种，请同学们在老师的指导下灵活使用。

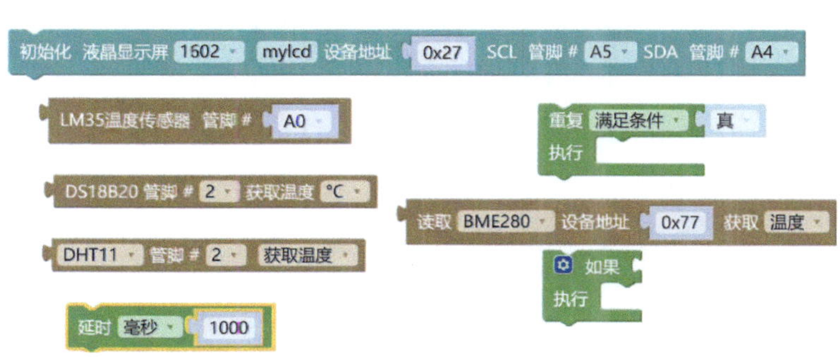

第三步：编写完代码后，如果想要检查代码是否有误，可点击编译；如果显示“编译失败”，则需要根据提示检查自己的代码；如显示“编译成功”，则证明代码逻辑上无误，可上传。

第四步：查看运行结果，是不是你所期待的功能；如果不是，在老师的帮助下分析原因。

4. 实验报告

实验报告见下表，请你填写。

选用的传感器种类	
程序示意图	
是否完成预期功能	
（如果未成功）分析可能存在的问题	

5. 交流探讨

和选用其他传感器的同学进行交流，看看他们的接线和程序，与你做的有什么异同？写在下面。

6. 评价

评价分为自我评价和老师评价，请结合以下评价维度对自己的作品打分，并邀请老师给自己的作品打分。

评价维度	分值	评价参考	自我评价	老师评价
设计新颖性	20	主要从设计结构，实现方式的各方面做出评价		
作品功能	30	主要从作品的功能实现完整度及精确度方面做出评价		
作品美学	20	主要从作品的美观度、加工精良度等方面做出评价		
答辩展示	30	主要从小组成员表述清晰度、完整性等方面做出评价		
总分	100			

（三）职业关联

单片机工程师

本次课程中，我们所使用的主板就是单片机的一种。单片机可以简单地理解为小型的电脑。

单片机是一种集成电路芯片，是采用超大规模集成电路技术把具有数据处理能力的中央处理器 CPU、随机存储器 RAM、只读存储器 ROM、多种 I/O 口和中断系统、定时器 / 计数器等功能（可能还包括显示驱动电路、脉宽调制电路、模拟多路转换器、A/D 转换器等电路）集成到一块硅片上构成的一个小而完善的微型计算机系统，在工业控制领域广泛应用。

单片机开发工程师的工作包括以下几个方面：

1. 设计单片机电路；
2. 负责单片机工作所需的外围电路设备的驱动；
3. 编写单片机软件，并对软件进行仿真调试。

今天我们学习到的主要是第三个方面，即软件编写和仿真调试方面。

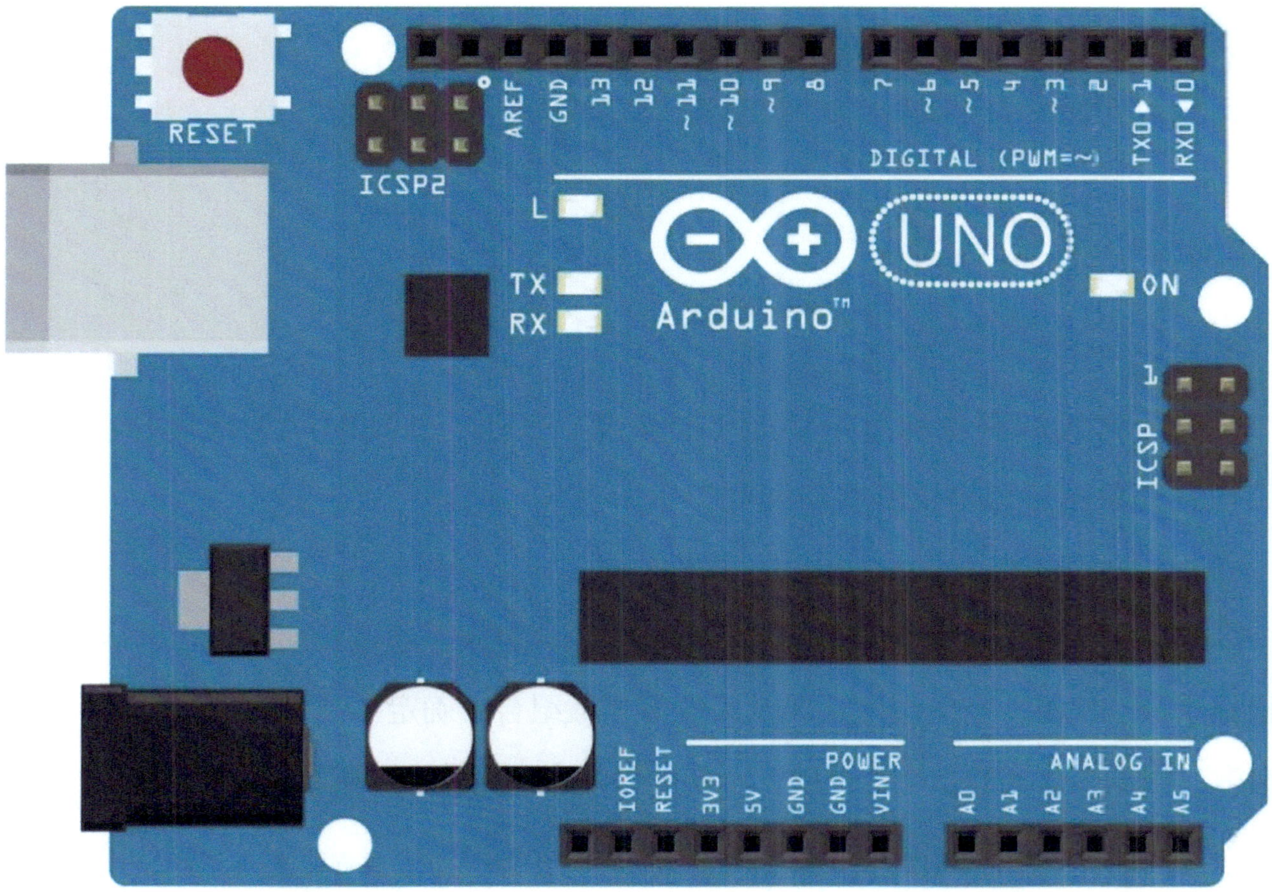

目前单片机已渗透到我们生活的各个领域，几乎很难找到哪个领域没有单片机的足迹。据统计，我国的单片机年需求量已达 1 亿～3 亿片，且每年以大约 16% 的速度增长，但相对于世界市场我国的占有率还不到 1%，这说明单片机应用在我国才刚刚起步，有着广阔的前景。只要你对嵌入式底层开发感兴趣，你只需掌握单片机硬件 MCU、指令系统、软件编程、接口芯片等的原理及应用，就可以成为一位单片机开发工程师！

三 实践：设计便携式智慧气象站

（一）知识阅览室

家用气象站可选功能

除了常用的测量和显示功能（温湿度、气压、日期时间等常规要素），家用智慧气象站还可提供哪些功能呢？

1. 衣着建议

不同的天气下穿着合适的衣服，有利于人体健康。通过长期的科学总结，人们根据季节、气温、空气湿度、风及天气等相互组合，确定了“穿衣指数”这一气象参数，根据人体实验及生活体验，不同的参数有不同的穿衣戴帽及布料等建议。

穿衣指数等级	人体舒适度	温度 /℃	穿衣建议
8 级	很冷，极不适应	<-15 ℃	天气寒冷，冬季着装：棉衣、羽绒服、冬大衣、皮夹克加羊毛衫、厚呢外套、呢帽、手套等；年老体弱者尽量少外出
7 级	冷，很不舒适	-15～5 ℃	天气冷，冬季着装：棉衣、羽绒服、冬大衣、皮夹克、毛衣加外罩大衣等；年老体弱者尤其要注意保暖防冻
6 级	凉，不舒适	5～15 ℃	天气凉，适宜着一到两件羊毛衫、大衣、毛套装、皮夹克等春秋装；年老体弱者宜着大衣、夹衣或风衣加羊毛衫等厚型春秋装
5 级	凉爽，较舒适	15～20 ℃	天气温凉，适宜着夹衣、马甲衬衫、长裤、夹克衫、西服套装加薄羊毛衫等春秋装；年老体弱者宜着夹衣或风衣加羊毛衫
4 级	舒适，最可接受	20～25 ℃	天气暖和，适宜着单层棉麻面料的短套装、T 恤衫、薄牛仔衫裤、休闲服、职业套装等春秋过渡装；年老体弱者可适当增减衣服
3 级	热，较舒适	25～28 ℃	天气偏热，适宜着短衫、短裙、短套装、T 恤等夏季装；年老体弱者宜着单层薄衫裤、薄型棉衫

续表

穿衣指数等级	人体舒适度	温度 /℃	穿衣建议
2 级	热，不舒适	28～33 ℃	天气炎热，适宜着短衫、短裙、短裤、薄型 T 恤衫、敞领短袖棉衫等夏季装
1 级	极热，极不舒适	≥ 33 ℃	天气极热，适宜着丝麻、轻棉织物制作的短衣、短裙、薄短裙、短裤等夏季装

在我们制作的智慧家用气象站中，可以通过传感器返回的数值，对比穿衣指数，给出穿衣建议，方便人们出行。

2. 根据气压变化预测天气

预测天气的最好工具之一就是气压表，它可以反映出气压的变化。当气压升高时，表示晴朗天气；当气压降低时，坏天气可能来临。这背后的原理在于，对相同状况下的干空气与湿空气来说，由于干空气中的气体分子密度及分子的平均质量都比湿空气要大，且干空气中的分子平均动量也比湿空气大，因而干空气压强也就比湿空气大。阴天的空气湿而晴天的空气干，所以阴天气压低，晴天气压高。

请同学们自行查阅资料，确定气压的变化与天气之间更为精确的关系，填写在下方。

（二）智慧实验室

设计制作家用智慧气象站

1. 任务

在这个模块中你将利用课程配套器材箱中提供的开放式材料设计并制作一个家用智慧气象站，包括功能设计、编程实现、仿真测试和数值校准。

2. 实验器材

单片机主板、各种传感器（DS18B20、DHT11、BME280 等）、LCD 液晶显示屏、杜邦线、LED 灯、雪弗板、橡皮泥、彩色卡纸、彩笔等。

（说明：你可以选用不同的传感器组合，实现不同的功能）

学生胶枪、胶棒、剪刀。

3. 设计

两人一组，根据所提供给的材料，针对家用智慧气象站应用场景、实现功能等方面相互讨论协商，确定设计方案，并将设计草图画在下方。

4. 制作

（1）将设计方案展示给老师，老师针对你们的设计方案会给出评估结果及建议。当老师对你们的方案认可以后，就开始动手制作了；

（2）制作家用智慧气象站时，不管你们选了哪些传感器，都应该清楚它们的引脚应该与主板之间如何连接；

（3）根据之前的实验，我们已经可以读取单个传感器的数值了，想一想应该怎么实现在 LCD 液晶显示屏上显示多个数值；

（4）想一想应该用什么逻辑语句实现穿衣建议的功能；

（5）制作过程中涉及一些工具的使用时，请注意安全。

5. 测试

编程完毕后，先电机编译，查看程序是否有错误的地方；如果有错误，根据提示信息修改程序。确认无误后，将程序上传至单片机主板中。连接好传感器和显示屏，查看是否能够正常运行。将你设计的功能和实现程度写在下面的表中，如果没有实现，分析可能的原因。

功能	实现程度	未实现的可能原因
温度显示		
湿度显示		
日期、时间		

6. 改进

经过测试后，你们发现了哪些问题，你们又是怎样改进的？

序号	问题	改进方法
1		
2		
3		

四　评　价

评价分为自我评价和老师评价，请结合以下评价维度对自己的作品打分，并邀请老师给自己的作品打分。

评价维度	分值	评价参考	自我评价	老师评价
设计新颖性	20	主要是从设计结构、实现方式的各方面做出评价。		
作品功能	30	主要从作品的功能实现完整度、精确度方面做出评价。		
作品美学	20	主要从作品的美观度、加工精良度等方面做出评价。		
答辩展示	30	主要从小组成员表述清晰度、完整性等方面做出评价。		
总分	100			

主题二 天气预报制作

一　引言

二　知识补能站：天气预报如何制作

三　实践：如何进行天气分析

一　引　言

“观众朋友晚上好，欢迎收看《天气预报》，中央气象台今天下午 6 点钟发布台风红色预警，今年第 21 号超强台风‘杜鹃’将于明天早上在我国台湾花莲一代沿海登陆，而后将穿过台湾岛，并于后天凌晨在福建沿海再次登陆。受其影响，从今天晚上到明天，图上这一大片海域都将会有 9～11 级大风，台风中心经过的附近海面，风力可达 12～13 级，台风带来大风的同时还会带来强降雨。”

传统的气象播报过于正式，专业性强，信息量大，形式相对单一，儿童和老年人理解相对困难，如何制作创意天气预报，使天气预报更有吸引力？

你能列举几个获取天气预报的途径吗？

二 知识补能站：天气预报如何制作

天气预报是一项浩大的系统工程，市民们在获取气象预报信息时，往往只是简单的几句，但这其中凝聚了数万气象工作者，甚至全球气象工作者的劳动。

中央广播电视总台每晚《新闻联播》节目后的天气预报是人们所熟悉和喜爱的节目。那么，你知道它是怎么制作出来的吗？

（一）天气预报制作流程

1. 收集各地气象站提供的如温、压、湿、风等各种气象资料。这些资料被传输到国家气象信息中心，作为天气预报员制作预报的“原材料”。

2. 制作天气图。

3. 分析天气图。要做出天气形势预报，如 24 小时内是否会有降水，然后在此基础上再进行具体的天气预报，如降水的地点及降水量。

4. 用计算机进行数值天气预报。根据大气的实际情况，通过计算求解天气的演变情况，预报未来天气。

5. 进行天气会商。天气预报的方法很多，可谓“八仙过海，各显神通”。用这么多方法做出来的预报不可能完全一致，这就需要根据最新资料进行“会诊”，达成一致，做出最终的天气预报结论。

6. 制作电视及新媒体节目。由“气象小姐”“气象先生”向观众播报。

（二）模拟天气预报台词

1. 请同学们模拟天气预报，编写预报台词并绘制天气预报图纸。

2. 绘制天气预报图纸。

（三）气象数据哪里来

气象观测是气象数据最基础的来源，目前我国已初步建成天基、地基、空基相结合的气象立体观测系统。地基主要有地面人工观测站、自动气象站、L波段二次测风雷达等。在全国各地，每日同一时间，各地气象站将地基设备观测的温、压、湿、风等气象信息传到国家气象信息中心。在高空，飞机利用机载气象观测设备将气象数据传输过来，再加上气象卫星和天气雷达收集到的资料，被传输到各级气象信息中心，作为天气预报员制作预报的“原材料”。

风云三号气象卫星影像

1. 温度与温度测量

气象学上把表示空气冷热程度的物理量称为空气温度，简称气温。国际上标准气温度量单位是摄氏度（℃）。

测量温度的仪器有哪些，请列举出两个。

2. 小实验：测量液体温度

材料：电子温度计、塑料杯 2 个、适量温水和自来水。

用烧杯接一些自来水，把电子温度计插入水中，注意不要碰到杯壁或杯底，可以看到电子温度计示数发生变化，待温度停止变化时，读出温度计的示数，并记录在表格中。

用塑料杯接一些温水，把温度计插入水中，注意不要碰到塑料杯壁或塑料杯底，可以看到电子温度计示数变化很快，待温度停止上升时，读出温度计的示数，并记录在表格中。

材料	温度 /℃
自来水	
温水	

三 实践：如何进行天气分析

真正意义上的科学研究不会止步于观测和记录，观测和记录只是科学研究的第一步。实验、观测得到的数据可能只是一些浅显的表面现象，而科学更重要的是探究现象背后的本质。

积累科学、严谨的数据，才能为我们挖掘科学的本质提供前提和基础，也为数据的分析和应用提供了条件。登录校园气象观测站的网站和中国气象数据网获取气象数据。

气象观测场

（一）立春不见春　春日何时来

立春到，春天就到了吗？能不能尝试利用大数据说明你的观点？

1. 研究思路

尝试解决这个小问题，我们可以参考科学探究的一般方法进行梳理，即提出问题、分析问题、解决问题、得出结论。

提出问题：立春到，春天就到了吗？

分析问题：立春的日期基本同于春天到来的日期则结论成立，立春的日期完全异于春天到来的日期则结论不成立。

解决问题：立春哪天到来？春天哪天到来？

新的问题：全国都一样吗？

得出结论：收集全国相关数据，简要分析，得出结论。

2. 研究过程

问题 1. 立春哪天到来？

查阅资料：节气上讲从立春（2 月 3—5 日）到立夏（5 月 5—7 日）视为春，太阳渐高，日影渐长，可以明确立春开始基本上是在 2 月 3—5 日。

问题 2. 春天哪天到来？

查阅资料：真正的春天要从气候的角度来评判。我国划分四季常采用“候平均气温”法，是以 5 天滑动平均气温为标准，冬季以后连续 5 天滑动平均气温稳定达到 10 ℃则视为进入春季。

用下表记录一段气温资料用来判断春天哪天到来。

记录日期：____年____月____日 观测员：____

序号	日期	观测温度 /℃	观测湿度 /%	播报温度 /℃	播报湿度 /%	观察时间

小结：节气上 2 月 4 日立春；在________（城市），气象上________（日期）进入春季，因此立春到了，________（城市）的春天和立春节气不一定是同一天。

问题 3. 全国立春和春天都是同一天吗？

利用共享数据，收集整理全国不同地区相关气温数据，找到气象上各地进入春天的日期，将不同地区数据绘制成折线图，便于直观比较。如我们选择了北京、武汉、广州三地________年 2—3 月的平均气温作比较。从数据来看，最早进入春季的是________，日期为________，略晚于立春，往北依次推迟。

3. 得出结论

立春属于节气，节气不受气象条件影响，日期相对比较固定。立春节气出现在每年的 2 月 3 — 5 日。不管气温变化、是晴是雪，都出现在这 3 天中的一天。而开春即春天到来需要达到一定的气象条件标准，所以每年开春的日期是不固定的。

（二）如何进行天气会商

天气会商是制作天气预报的重要环节，通过天气会商可以集中合理意见和建议，交流预报员经验，提高天气预报的准确率和气象服务水平。我们以某市天气会商为例进行说明。

会商流程

（1）上午会商流程

每天上午开始全市市—县（市、区）气象局天气会商，一般控制在 20 分钟内完成，由市气象台（以下简称“市台”）主班预报员（以下简称“主班”）主持，县（市、区）气象台每天轮流作主题发言。先由轮到的县（市、区）气象台值班预报员通过双流上传当天会商 PPT 并作主题发言，发言内容包括本地天气实况、未来 72 小时天气预报意见及预报理由等；之后，市台主班进行未来一周天气等发言；随后，其他县（市、区）气象台预报员通过双流上传当天的预报会商稿，简单发言提出本地未来 72 小时天气预报意见，如意见分歧较大，应当阐述预报理由；最后，由市台主班总结发言。

（2）下午会商流程

每天下午开始市台进行台内天气会商，时间一般控制在 20 分钟内，全市各县（市、区）气象台通过视频会商系统收看为主，遇有重要天气时可根据情况抽取县（市、区）气象台发言。市台台内会商，一般由主班主持，领班预报员（以下简称“领班”）、副班预报员（以下简称“副班”）必须参加，分别独立准备会商稿（包括预报结论、大气环流特点、影响系统分析、数值预报产品释用，预报理由等）。会商时，首先由主班分析天气形势和各种气象信息，提出 72 小时的主班个人预报意见；副班、领班根据自己独立的分析，提出 72 小时独立预报意见，会商时重点阐述与主班不同预报意见及预报理由；最后由主班总结发言。当遇市台下午参加全省会商发言时，市台内部会商视频取消，全市各县（市、区）气象台以收看全省会商为主，由市台主班代表市台参加全省会商发言。

（3）遇有台风、暴雨及旱涝转换等灾害性、关键性天气时，由领班负责主持全市视频天气大会商。全市大会商前，应将预报意见报告给台长和分管局长，经同意后，召集有关人员集体会商，会商后由领班作总结并拟定预报意见，经局领导同意后，形成市台预报意见，参加全市当天的天气会商。

（4）经以上会商后，市台领班综合会商意见，得出对外发布的预报结论对外发布，并作为市台预报指导意见下发给各县（市、区）气象台。各县（市、区）气象台应当根据本地情况，参考市台预报指导意见，制作并发布本地的天气预报。

（5）全市会商遇特殊情况如与视频会议等有冲突时，可灵活运用电话或网络等其他方式进行会商。

（三）会商记录表

以下是会商记录表。

气象台会商记录表

主持人： 日期：____年____月____日

发言单位： 会商重点：	预报内容	值班员：
灾害性天气预报	受气旋影响，预计22日下午到夜间我市有大到暴雨，局部大暴雨，主要降水时段在傍晚前后至夜间。全市过程平均降水量30～60毫米，局部可达100毫米以上，最大小时降水量40～70毫米，雷雨地区雷雨时阵风8～10级	
指导预报领班		
应用气象值班员		
系统实验室值班员		
卫星遥感应用值班员		
信息网络体系值班员		
决策气象服务领班		
总结		签字：

（四）模拟会商

根据以下北京单站雷达反射图简单预报当地降雨情况。

雷达图应该怎么看？简单说，颜色越暖越深的地区天气越剧烈。中度绿色时，会有小雨；到深黄色，雨已让人感觉有些急，雨水会打湿你的裤脚；到红色，大雨倾盆而下，雨伞很难起防雨的作用；当颜色为暗红、粉红、紫色、白色时，就尽量不要外出，因为这个时候降雨强度非常大，而且还伴有雷暴、大风，甚至冰雹。

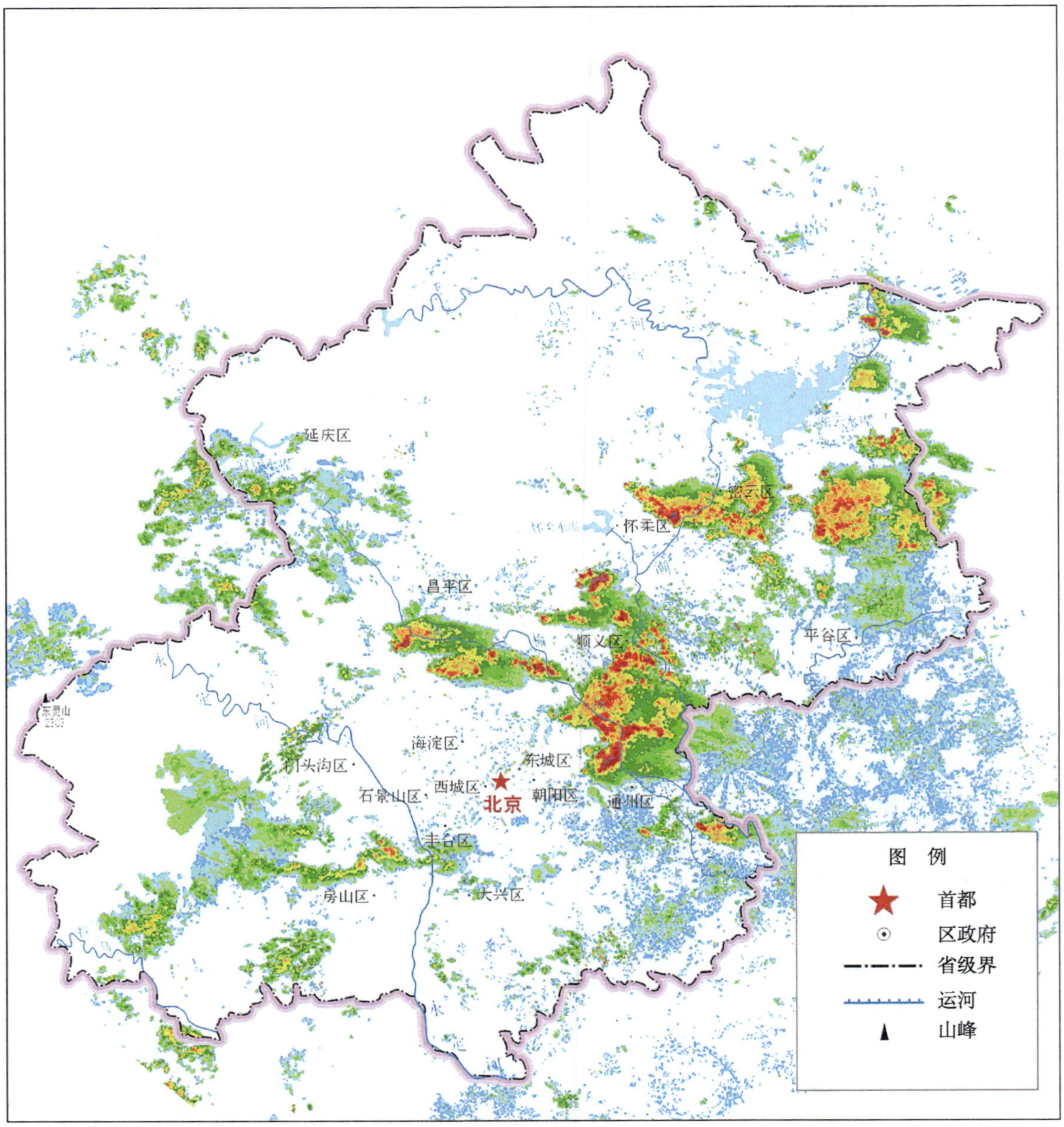

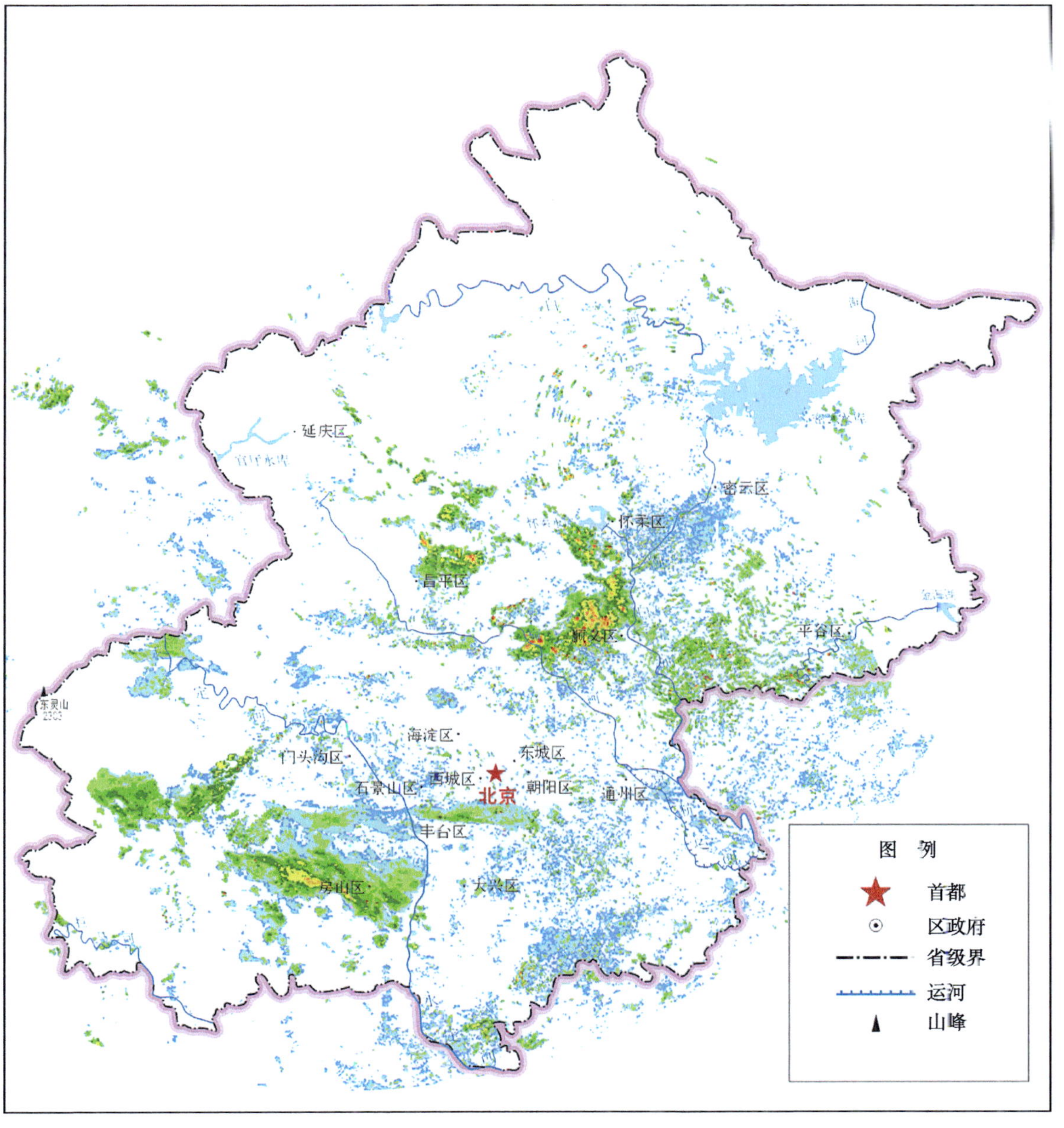
延庆区
密云区
怀柔区
昌平区
顺义区
平谷区
海淀区
门头沟区
东城区
石景山区
西城区
北京
朝阳区
通州区
丰台区
房山区
大兴区
图例
首都
区政府
省级界
运河
山峰

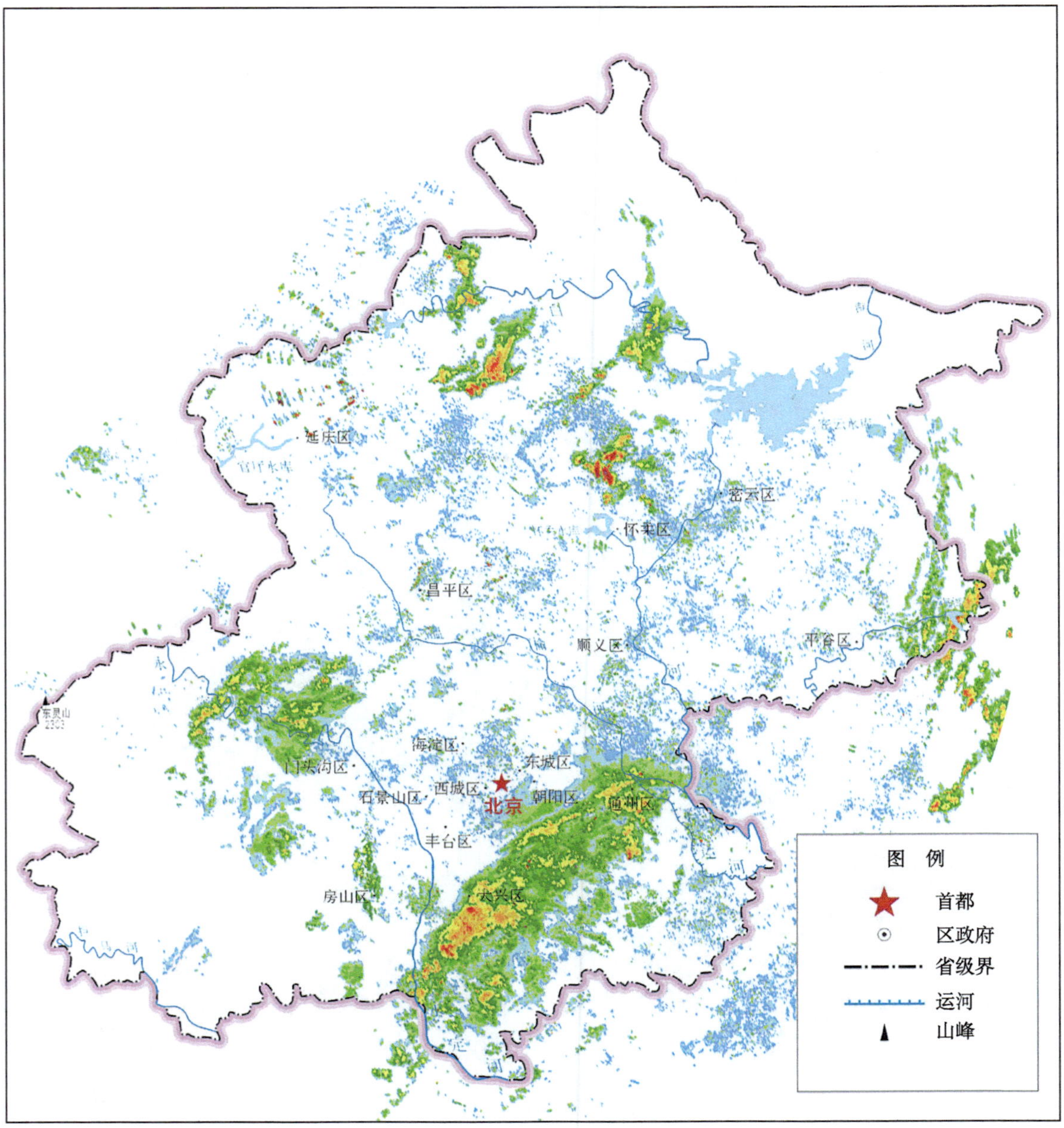
延庆区
密云区
怀柔区
昌平区
顺义区
平谷区
海淀区
门头沟区
东城区
石景山区
西城区
北京
朝阳区
通州区
丰台区
房山区
大兴区
图 例
首都
区政府
省级界
运河
山峰

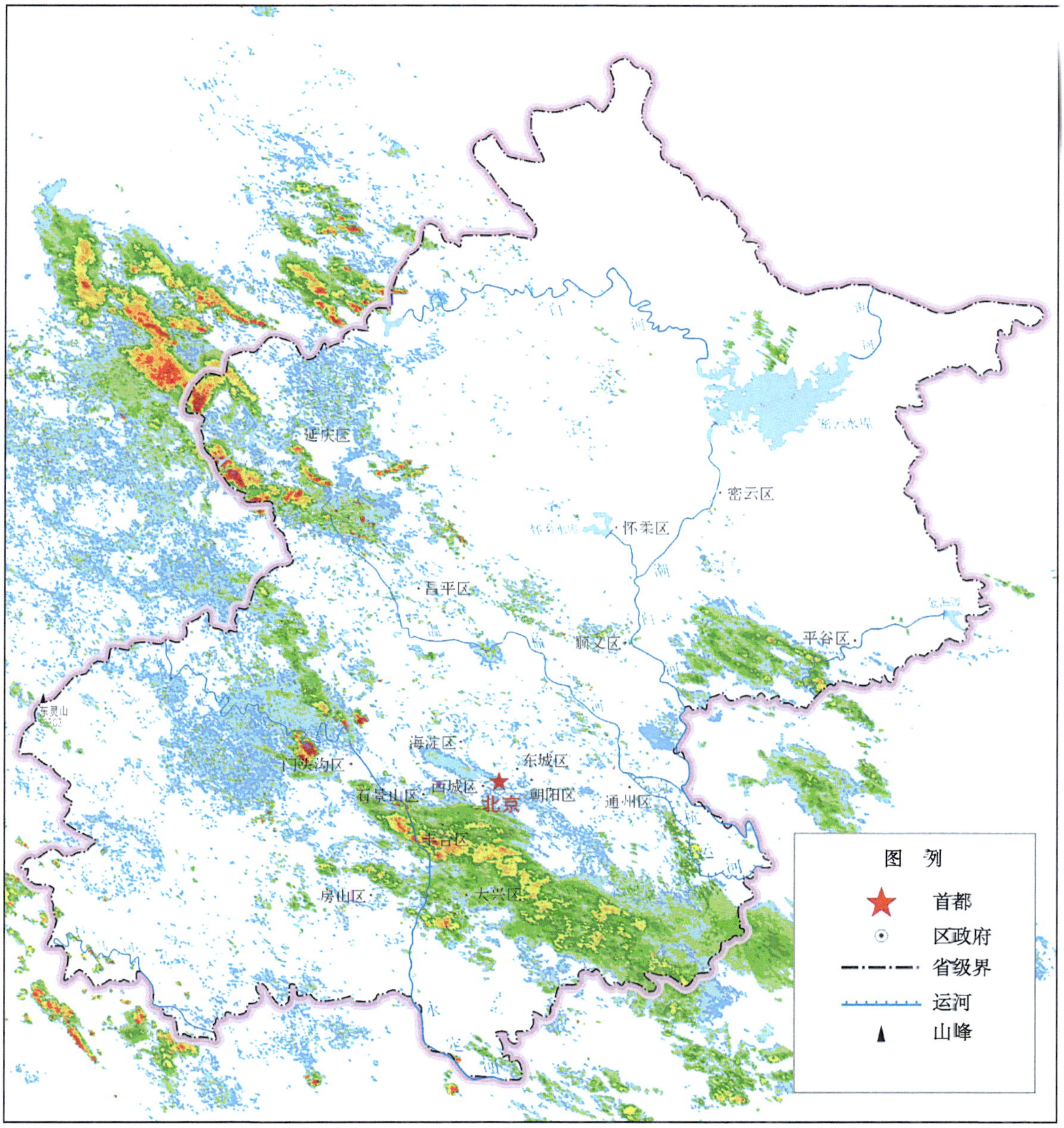
延庆区
密云区
怀柔区
昌平区
顺义区
平谷区
海淀区
东城区
门头沟区
石景山区
西城区
北京
朝阳区
通州区
丰台区
房山区
大兴区
图　例
首都
区政府
省级界
运河
山峰

写下天气会商的结果：

（五）天气预报模式如何创新

1. 传统天气播报模式利弊

“各位观众朋友，大家晚上好，欢迎您收看《天气预报》。今天是 7 月 11 号，星期天，苏州今天大雨转中雨，24 ℃至 28 ℃，明天中雨，25 ℃至 28 ℃，请各位观众带好防雨工具，注意雨天路滑。小暑时节的雷雨常是‘倒黄梅’的天气信息，预兆雨带还会在长江中下游维持。”这是我们常见传统天气预报的播报台词。对大众来说，传统的天气预报是一种粗略的信息服务，为人们的户外活动和出行提供一些参考。

从以上信息你能总结出传统天气播报模式的利弊吗？

利：____

____

____

____

弊：____

____

____

____

2. 个性化天气预报

互联网时代，随着人们生活水平的提高，个性化天气预报需求与日俱增。个性化天气预报具有更易理解、更贴近生活的特点，针对不同人群的个性化推送，例如，能为婴幼儿、老年人等特殊敏感人群提供出游建议，同时户外运动爱好者也是对天气格外关注的群体，从事跑步、登山、骑行等不同运动时，对天气关注的维度也是不同的。

（六）如何制作个性化天气预报

制作个性化天气预报，首先要确定目标人群的特点及需求。

老年人需关注的要点：

第一，老年人骨骼容易疏松，95 % 以上的老年人都患有风湿性疼痛，对天气特别敏感。

第二，温度对老年人的情绪影响最大。通常，气温在 20～22 ℃的情况下使人心情舒畅；当环境温度超过 34 ℃时，不仅使人心情烦躁，且易产生过激行为；当室温降到 10 ℃以下时人体感觉沉闷、情绪低落。

第三，风对老年人的情绪也有很大的影响。干热风使人反应变慢，解决问题的能力降低。大风天气常使人出现头痛、心慌、胸闷、四肢无力等症状，同时也使人心烦意乱。

第四，潮湿和阴雨天气易导致地面湿滑，老年人更容易摔倒。

登山运动员需关注的要点：

第一，高山风力。高山地面风速在一天内变化很大。下午风速最大时可达 20 米 / 秒以上，也就是 8 级以上。这时候人们就绝对不能在高山上活动了，易被吹入山谷。

第二，天降大雨。雨天不应行涧，溪涧汇集山上流水，雨天流水增加，会形成山洪，雨中温度低、视野及能见度降低；大雨之后，淹没登山路段的不只是洪水，还有沙泥，因为大雨可能引发山泥倾泻。

第三，大雾天气。雾天气压相对偏低，低气层具有较多的污染物难以消散，空气中的含氧量较平时相对低，这时候不适合户外的有氧运动，特别是爬山本就需要消耗大量的能量，容易造成胸闷、气短等现象。雾天的时候空气质量比较差，雾的核心一般都是微小水滴，在雾天的时候，难以消散，被人体吸入后会诱发咽炎、支气管炎等疾病。

学生需关注的要点：

第一，温度。学生需要根据温度增减衣服，学校要减少室外露天活动，可暂停体育课、大课间活动、跑操和运动活动类课后服务等。天气炎热，学生容易烦躁，学校要合理控制作业量和考试测试，避免引发学生的不良情绪。

第二，大风。大风会加速皮肤水分的流失，时间一长，皮肤容易变得粗糙脱屑，甚至引发皲裂、瘙痒症等。要多喝热水，每天的饮水量因不同人而定，必须补充一定量的水分并要掌握正确的饮水方法。口鼻是呼吸道的门户，其分泌的免疫球蛋白可以抵抗细菌、病毒的入侵，避免感冒、气管炎、肺炎等疾病。大风时建议出门最好戴上纱布口罩，还应注意每天更换；口罩是必不可少的防寒工具，它既可以有效防止灰尘、浮尘侵袭你的肌肤，又可以保证你不会被凛冽的寒风吹得生疼。

结合以上信息，请同学们任选一种人群，并制作对应的天气预报。

主题三

气象＋海绵城市

一　引　言

情景假设：

2050 年，由于全球温室气体排放未控制在合理范围，全球极端天气出现频率增多，气象灾害增多，一些地区暴雨变得频发，这就要求城市对雨水的“存储”及“消化”能力有新的标准。为此，我国 A 城市面向全球招标“海绵城市”优秀设计方案。

海绵城市是新一代城市雨洪管理概念，是指城市能够像海绵一样，在适应环境变化和应对雨水带来的自然灾害等方面具有良好的弹性，也可称之为“水弹性城市”。“海绵城市”材料表现出优秀的渗水、抗压、耐磨、防滑以及环保、美观多彩、舒适易维护和吸音减噪等特点，成了“会呼吸”的城镇景观路面，也有效地缓解了城市热岛效应，让城市路面不再发热。

二 知识补能站：如何完成一个创新项目

（一）招标项目："海绵城市"优秀设计方案

海绵城市

指城市能够像海绵一样，在适应环境变化和应对自然灾害等方面具有良好的"弹性"，下雨时吸水、蓄水、渗水、净水，需要时将蓄存的水"释放"并加以利用，逐步改善并恢复城市的自然生态平衡。在海绵城市建设过程中应以人和自然生态为优先原则，海绵城市建设内涵有：渗、滞、蓄、净、用、排。

1. 生态海绵城市——渗

随着城镇化建设的推进，城市自然生态也面临严峻的失衡。城市路面硬化，到处都是不透水材料铺装，改变了原有自然生态本底和水文特征，因此，要加强自然的渗透，把渗透放在第一位。其好处在于，可以避免地表径流，减少从硬化不透水路面汇集到市政管网里，同时，涵养地下水，补充地下水的不足，还能通过土壤净化水质，改善城市微气候。渗透雨水的方法多样，主要是改用各种路面、地面透水铺装材料使城市路面自然渗透，改造屋顶绿化，调整绿地竖向，从源头将雨水留下来然后"渗"下去。

2. 生态海绵城市——滞

其主要作用是延缓短时间内形成的雨水径流量。例如，通过微地形调节，让雨水慢慢地汇集到一个地方，用时间换空间。通过"滞"，可以延缓形成径流的高峰。具体形式总结为四种：雨水花园、生态滞留池、渗透池、人工湿地。

3. 生态海绵城市——蓄

即把雨水留下来，尊重自然的地形地貌，使降雨自然散落。人工建设破坏了自然地形地貌后，短时间内水汇集到一个地方，就形成了内涝。所以要把降雨蓄起来，以达到调蓄和错峰。而当下海绵城市蓄水环节没有固定的标准和要求，地下蓄水样式多，总体常用形式有两种：塑料模块蓄水和地下蓄水池。

4. 生态海绵城市——净

通过土壤的渗透，通过植被、绿地系统、水体等，对水质产生净化作用。因此，应该把蓄起来的水经过净化处理，然后回用到城市中。雨水净化系统根据区域环境不同从而设置不同的净化体系，根据城市现状可将区域环境大体分为三类：居住区雨水收集净化、工业区雨水收集净化、市政公共区域雨水收集净化。根据这三种区域环境可设置不同的雨水净化环节，而现阶段较为熟悉的净化过程分为三个环节：土壤渗滤净化、人工湿地净化和生物处理。

5. 生态海绵城市——用

在经过土壤渗滤净化、人工湿地净化、生物处理多层净化之后的雨水要尽可能被利用，不管是丰水地区还是缺水地区，都应该加强对雨水资源的利用。这样，不仅能缓解洪涝灾害，收集的水资源还可以进行利用，如将停车场上面的雨水收集净化后用于洗车等。我们应该通过“渗”涵养，通过“蓄”把水留在原地，再通过净化把水“用”在原地。

6. 生态海绵城市——排

利用城市竖向与工程设施相结合，排水防涝设施与天然水系河道相结合，地面排水与地下雨水管渠相结合的方式来实现一般排放和超标雨水的排放，避免内涝等灾害。有些城市因为降雨过多导致内涝，这就必须采取人工措施，把雨水排掉。降水量过大的时候，采用地面排水与地下雨水管渠相结合的方式来实现一般排放和超标雨水的排放，避免内涝等灾害。经过雨水花园、生态滞留区、渗透池净化之后蓄起来的雨水，一部分用于绿化灌溉、日常生活，一部分经过渗透补给地下水，多余的部分就经市政管网排进河流。这样不仅降低了雨水峰值过高时出现积水的概率，也减少了第一时间对水源的直接污染。

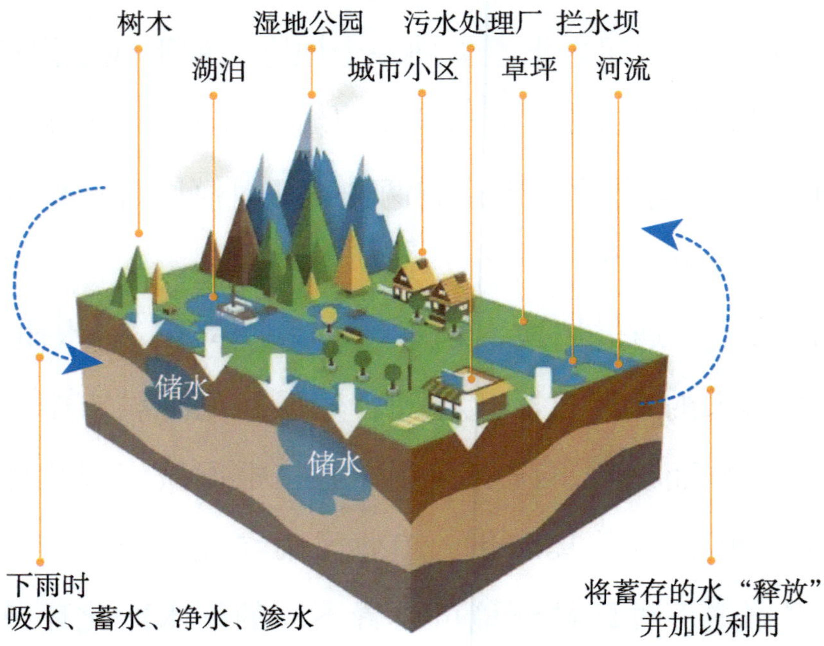

海绵城市水循环收集与释放示意图

要求：投标者需提供一套本市“海绵城市”设计方案，方案要考虑本市气象及人文要素。方案设计应遵循生态优先等原则，将自然途径与人工措施相结合，在确保城市排水防涝安全的前提下，最大限度地实现雨水在城市区域的积存、渗透和净化，促进雨水资源的利用和生态环境保护。设计“海绵城市”并不是取代传统的排水系统，而是对传统排水系统的一种“减负”和补充，最大限度地发挥城市本身的作用。在“海绵城市”建设过程中，应统筹自然降水、地表水和地下水的系统性，协调给水、排水等水循环利用各环节，并考虑其复杂性和长期性。

（二）投标要求

1. 投标方需要提供一套“海绵城市”模型作品，要求可以进行仿真演示，模拟“蓄水”效果；

2. 投标方需要提交一份答辩文书并准备现场答辩事宜，时间另行通知；

3. 投标方在投标文书内需附项目建设资金预算表。

（三）投标说明会

1.“海绵城市”建设需要考虑的气象要素

（1）气象对建筑潜移默化的影响。

（2）用气象的视角去看待城市的建设。

2.“海绵城市”方案设计宣讲

××××，一级建筑工程师，多年从事建筑学研究及建筑设计。

（1）用跨学科的视角去设计城市。

（2）回顾人文历史，城市设计背后的故事。

（3）“海绵城市”设计中应遵循的原则有哪些？

听完专家宣讲会，给了你哪些灵感？又使你想到了哪些问题？

三　实践：进行海绵城市建设

1. 方案初期论证

“海绵城市”建设提倡推广和应用低影响开发建设模式，加大对城市雨水源头水量刚性约束。从源头减排雨水系统的主要技术可归纳为三类：雨水入渗、雨水收集回用、雨水调蓄排放。雨水入渗是指消纳硬化地面上的雨水用来补充土壤含水量。雨水收集回用是指储存雨水，将雨水转化为水资源，用来替代部分自来水。雨水调蓄排放是指把雨水储存后再缓慢排出，甚至全部在雨后排出，但不能使雨水资源化。因此，源头减排雨水系统应首选雨水土壤入渗和收集回用。

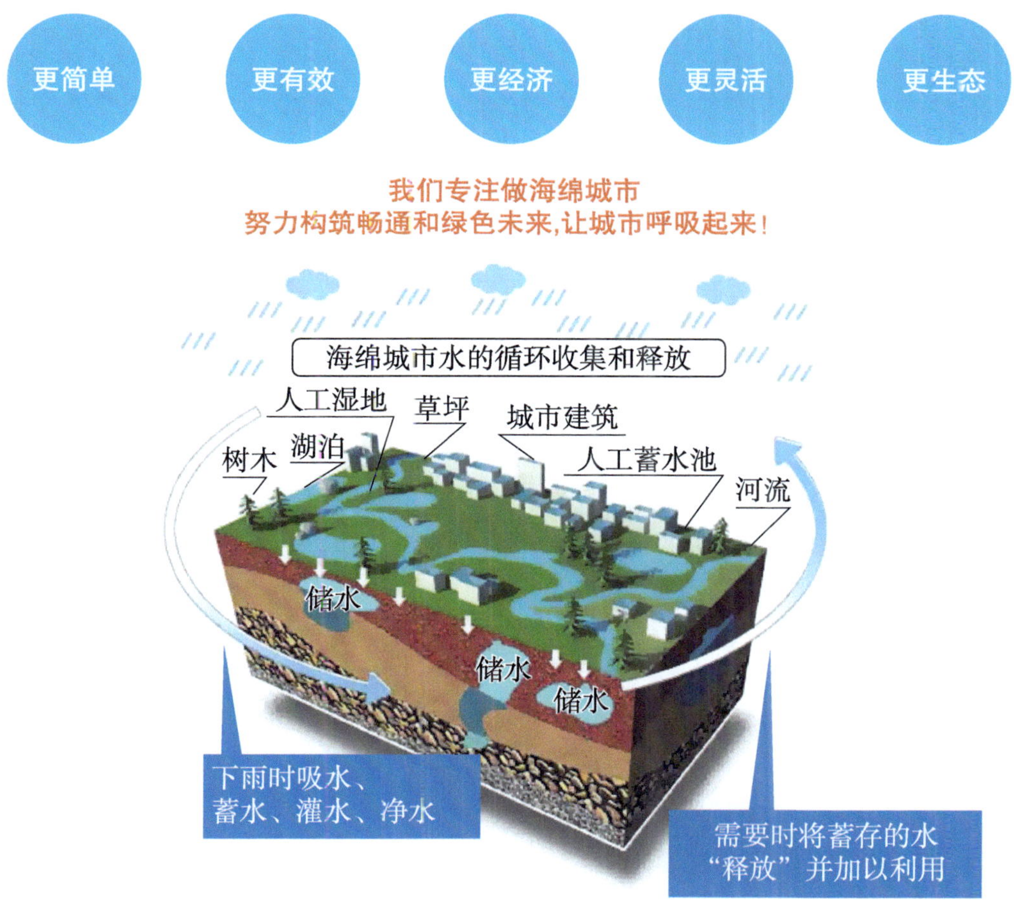

常用的入渗设施包括：透水铺装、透水混凝土路面、绿化屋面、下凹式绿地、植草沟、雨水花园等。不同的种类有不同的雨量径流系数（径流系数指任意时段内径流深度 R 与同时段内降水深度 P 之比）。以下总结了几种常用的入渗设施的径流系数。

地面种类	径流系数
硬质地面	0.9
混凝土和沥青地面	0.9
绿化	0.15

研发新的城市道路铺设材料，并测量径流系数。

拟选用的材料	径流系数

铺设材料设计创新点：

2. 方案设计。

蓄水及排水需要一定的平衡，材料的铺设需兼顾人文因素。

3. 模型制作

所提供的材料箱就像一个建材市场，上面有标价，请合理使用材料搭配，最终给出方案总造价。

改进：

经过测试后，你们发现了哪些问题，你们又是怎样改进？

序号	问题	改进方法
1		
2		
3		
4		
5		

四 评 价

下表是专家评审委员会打分情况。

专家评审委员会打分

评价维度	分值	评价参考	专家打分
设计新颖性	20	主要从设计结构、实现方式的各方面做出评价	
作品功能	30	主要从作品的功能实现完整度、精确度方面做出评价	
作品美学	20	主要从作品的美观度、加工精良度等方面做出评价	
答辩展示	30	主要从小组成员表述清晰度、完整性等方面做出评价	
总分	100		

主题四

气象+碳中和

一　引言

二　知识补能站：碳中和核心技术体系

三　实践：设计风力发电站

四　项目评价

一 引言

气候变化深刻影响地球环境，这是人类共同面临的巨大挑战。为了应对全球气候变化，实现人类社会文明进步与地球生态系统的可持续发展，第21届联合国气候变化大会通过了《巴黎协定》，提出在2050年左右达到二氧化碳“净零排放”的目标，即碳中和。广义上，碳中和是指人类化石能源利用、土地利用及自然界火山喷发碳排放等碳源体系与地球碳循环系统、海洋碳溶解、生物圈碳吸收等碳汇体系间形成动态平衡；狭义上，碳中和是指一个组织、团体或个人在一段时期内二氧化碳的排放量，通过森林碳汇、人工转化、地质封存等技术加以抵消，实现二氧化碳“净零排放”。

2020年9月22日，中国国家主席习近平在第七十五届联合国大会一般性辩论上发表重要讲话：人类需要一场自我革命，加快形成绿色发展方式和生活方式，建设生态文明和美丽地球。应对气候变化《巴黎协定》代表了全球绿色低碳转型的大方向，是保护地球家园需要采取的最低限度行动，各国必须迈出决定性步伐。中国将提高国家自主贡献力度，采取更加有力的政策和措施，二氧化碳排放力争于2030年前达到峰值，努力争取2060年前实现碳中和。各国要树立创新、协调、绿色、开放、共享的新发展理念，抓住新一轮科技革命和产业变革的历史性机遇，推动疫情后世界经济“绿色复苏”，汇聚起可持续发展的强大合力。

二 知识补能站：碳中和核心技术体系

碳中和是全人类的共同目标与追求，以共商共议为主体的全球协作机制是实现碳中和的前提和保障。在全世界积极推动碳中和的进程中，需以科学问题为导向开展碳中和研究。碳中和既是能源学和碳中和学的重大理论问题，又是实现人类能源利用与地球生态系统可持续发展的重大实践问题，将催生以 CCUS（碳捕集、利用和封存）/CCS（碳捕集与封存）为核心的碳工业、以绿氢为核心的氢工业，推动实施节能提效、减碳固碳、科技创新、应急储备、政策支撑五大战略工程协同创新发展。

（一）碳工业体系

碳中和的核心是降低甚至消除二氧化碳排放量。CCUS/CCS 可以发挥重要作用，以 CCUS/CCS 为核心的碳工业将成为碳中和目标下的新兴产业。二氧化碳具有实现生态系统有机物转换和产生温室效应的双重属性，可以分为可供人类利用或固定的“灰碳”和不可利用或固定的“黑碳”。在地球碳循环系统中二氧化碳主要来源于能源消费、农林用地、土地利用、垃圾排放等。利用生态系统碳汇、二氧化碳生产化工产品、二氧化碳人工绿色转化、二氧化碳地质驱油等技术，可以增加“灰碳”的利用率，有效减少大气中二氧化碳的浓度。在碳中和目标下，以 CCUS/CCS 为核心的碳工业技术体系涵盖碳捕集、碳运输、碳驱油、碳封存、碳产品、碳金融等业务，是彻底消除“黑碳”的革命性技术。因此，以 CCUS/CCS 为基础的低成本、高能效的碳工业将是世界各国实现碳中和目标的关键产业和新兴产业之一。未来它将利用地下具有巨量储集空间的枯竭性油田、气田、水田等为碳中和做出大贡献。此外，建立和完善碳税制度、碳交易制度、复合碳排放权交易体系、财政补贴等碳经济与政策杠杆，有效控制二氧化碳排放量。

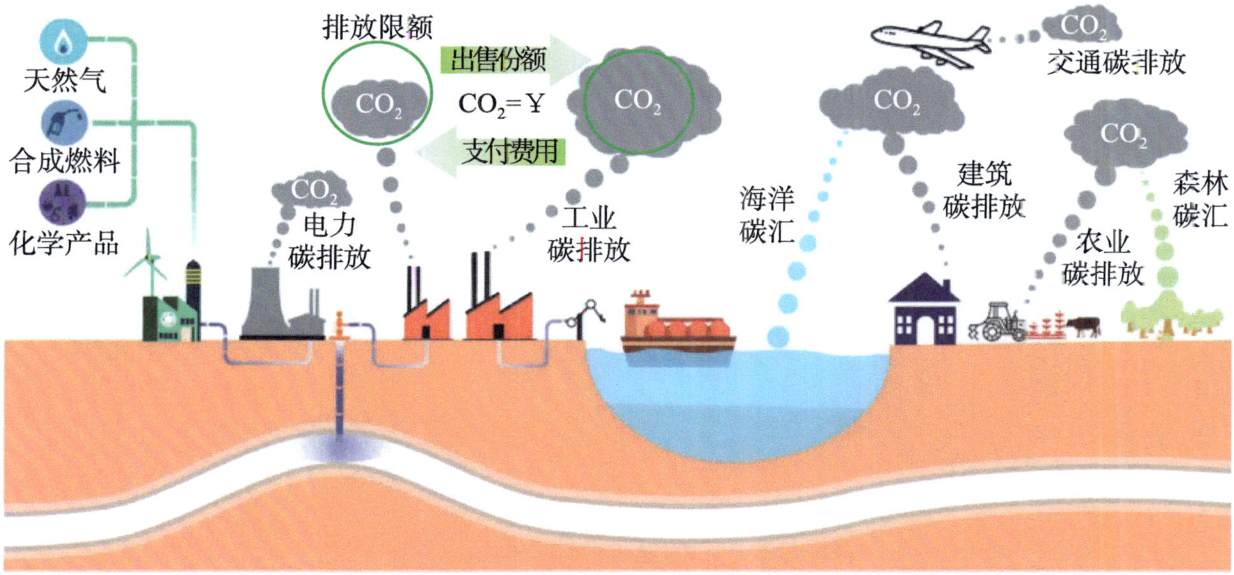

以 CCUS/CCS 为核心的碳工业体系构成示意图

（二）氢工业体系

氢能是最清洁的二次能源，是后石油时代最理想的能量载体。在碳中和目标下，需建设与煤炭工业、石油工业类似的全产业链氢工业体系，以绿氢为核心，涵盖氢制备、氢储存、氢运输、氢加注、氢利用、氢检测及氢安全等业务，涉及氢交通、氢储能、氢化工、氢冶金等领域。目前，绝大部分氢能都来源于化石燃料，主要应用于工业领域，如炼油、合成氨、制甲醇、炼钢等，在交通、发电、建筑等领域尚未大规模推广应用。当前，氢能应用成本较高是制约氢能在发电、工业和民用领域推广应用的主要原因之一。预计到 2030 年，绿氢的生产成本将下降 30%，绿氢的价格有望低于化石燃料制氢。2050 年，预计全球氢能在终端能源消费结构中的占比将达 18% 左右，氢能将大规模应用于难以通过电气化实现“零碳排放”的工业、长距离交通运输等领域。以绿氢为核心的氢工业将替代以石油为核心的油气工业，形成可再生能源制氢，并建立完整的制备、储运、燃料电池用氢和加氢站为一体的氢能产业链，氢能将广泛应用于发电、工业、建筑和交通等重点领域。

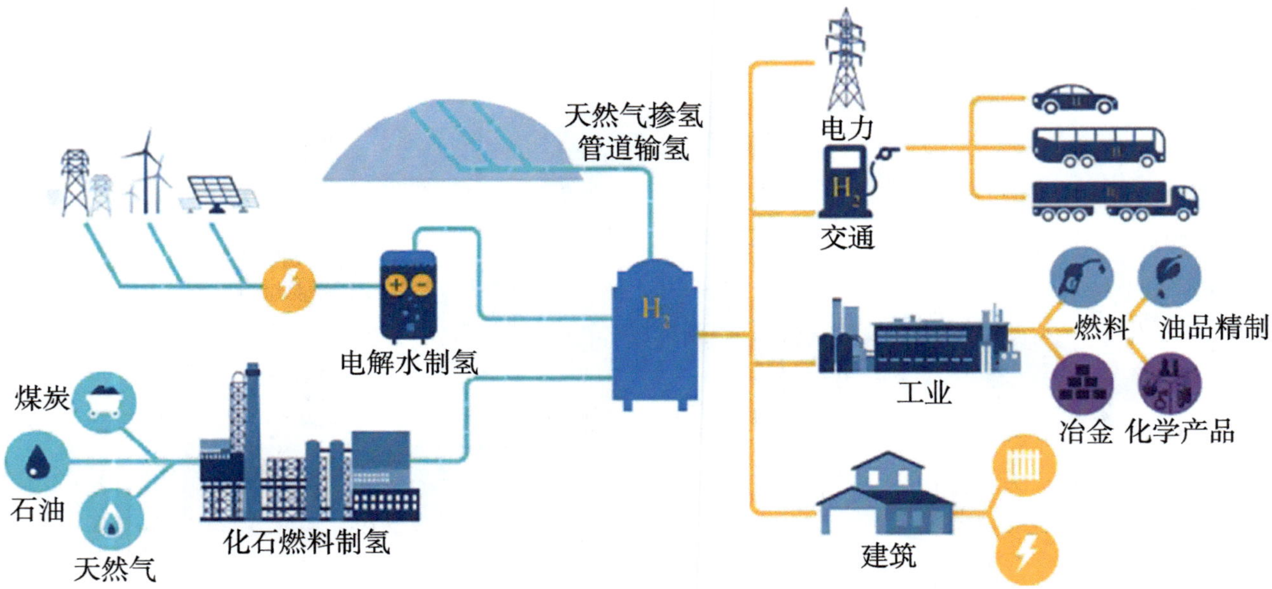

以绿氢为核心的氢工业体系构成示意图

（三）如何监测大气温室气体含量

全球气候变暖主要是温室效应不断积累所导致的。所谓的温室效应是指太阳的短波辐射照射到地面，地面吸收热量变暖后一般情况是要释放出来的，这样才能达到冷暖平衡，但是如果大气中二氧化碳等物质将其吸收了，整体气温就会升高。大气中二氧化碳等物质增多，就会像一层“结界”一样，太阳照射到地面的热量很难再通过这层“结界”散出去，于是会一直积累然后导致全球气候变暖。

温室效应

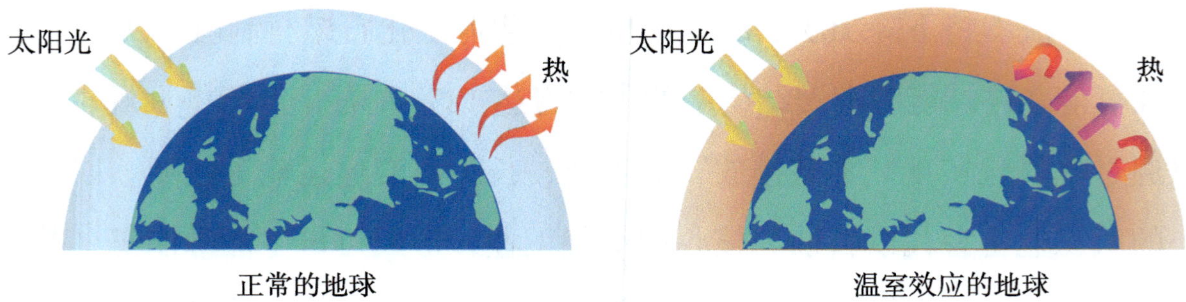

空气中二氧化碳浓度到底是多少呢？我们怎么测定呢？

常见测量二氧化碳浓度的方法如下。

非色散红外吸收法：

二氧化碳对红外线具有选择性的吸收，在一定范围内，吸收值与二氧化碳浓度呈线性关系，根据吸收值确定样品二氧化碳的浓度。

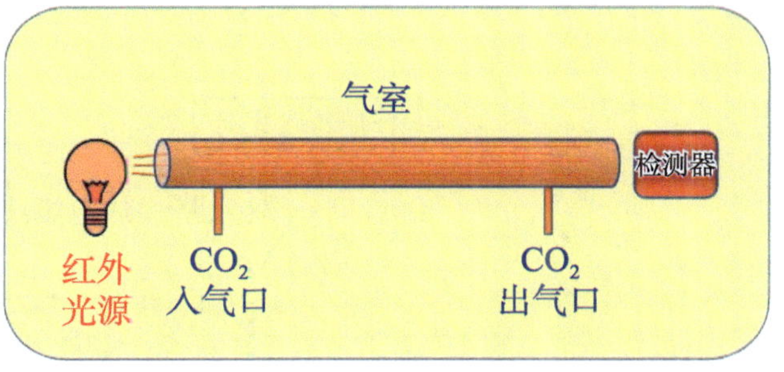

气相色谱法：

气相色谱法是利用气体作流动相的色层分离分析方法。二氧化碳在色谱柱中与空气的其他成分完全分离后，进入热导检测器的工作壁。在线性范围内，信号大小与进入检测器的二氧化碳浓度成正比，从而进行定性与定量测量。

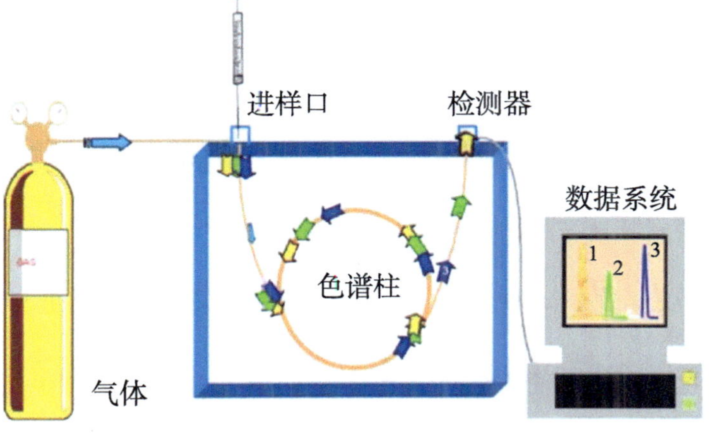

容量滴定法：

用过量的氢氧化钡溶液与二氧化碳作用生成碳酸钡沉淀，采样后剩余的氢氧化钡用标准草酸溶液滴定至酚酞试剂红色刚褪。由容量法滴定结果除以所采集的空气样品体积，即可测得空气中二氧化碳的浓度。

红外线吸收法：

二氧化碳在 4.3 微米红外区有一个吸收峰，在此波长下，氧、氮、一氧化碳、水蒸气都没有明显的吸收，因此红外线吸收法是测量空气中二氧化碳的理想方法。由于空气中二氧化碳的含量最低为 0.03%，吸收池的长度有几厘米便可。所以利用红外线吸收原理，可制成便携式空气中二氧化碳传感器，用来检测二氧化碳浓度。

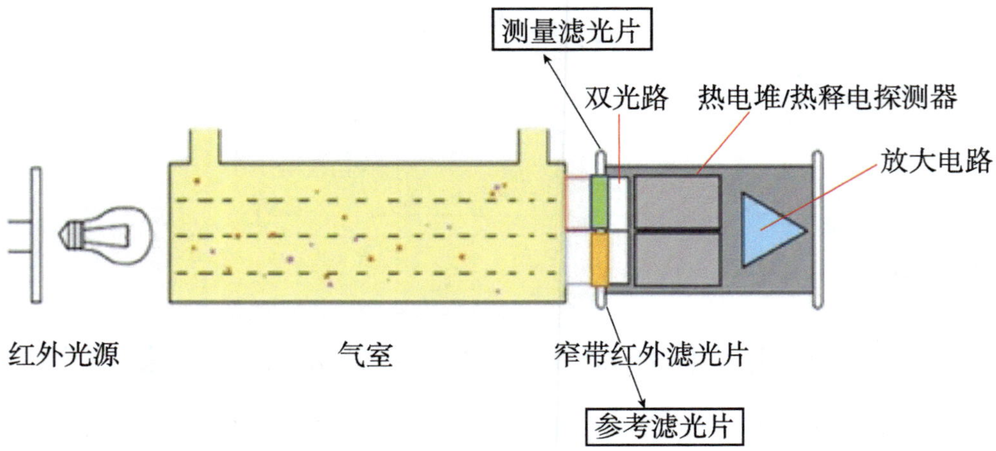

（四）自制二氧化碳检测仪

众所周知，二氧化碳是引起温室效应的主要气体，空气中二氧化碳含量是多少呢？我们需用 DIY 二氧化碳检测仪进行检测。基本要求如下。

功能：能准确测量二氧化碳数据，用 LCD1602 显示测量数据，当二氧化碳浓度高于 2000 毫克 / 米 ³ 时启动声、光警示；

结构：结构稳定，携带方便，供电合理，设备长度不超过 30 厘米，宽度不超过 20 厘米，高度不超过 15 厘米。

材料：ArduinoNano × 1、LCD1602 × 1、超声波传感器 ×1、电池盒 ×1、蜂鸣器 ×1、二氧化碳传感器 ×1、杜邦线 ×1、雪弗板 ×3、椴木板 ×2、彩笔 ×1、剪刀 ×1、美工刀 ×1、胶枪 ×1、502 胶水 ×1。

请同学们画出自制二氧化碳检测仪的基本草图。

（五）如何减排二氧化碳

减排二氧化碳需要知道二氧化碳的主要来源。根据全球能源互联网发展合作组织发布的《中国 2030 年前碳达峰研究报告》，2019 年我国碳排放约 112 亿吨，其中与能源活动相关的碳排放约 98 亿吨，占比约 87%，因此，能源在实现碳中和目标中的重要性不言而喻。从能源活动领域看，能源生产与转换、钢铁、交通运输、建筑领域、建材、化工工业碳排放占能源活动碳排放比重分别为 47%、17%、9%、8%、8%、6%，碳达峰、碳中和的实质性问题是能源问题。以能源转型推动经济社会降碳和脱碳是中国实现碳达峰、碳中和目标的主要途径。

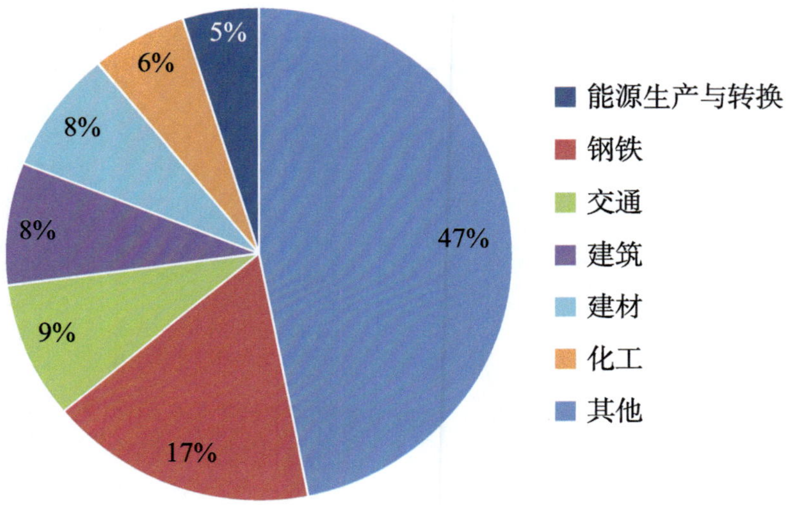

中国能源相关二氧化碳排放领域构成

我国典型的能源结构特点是“富煤贫油少气”，我国能源储量中，煤炭占 94%，石油占 5.4%，天然气占 0.6%，这也决定了在我国能源生产与转换中，煤炭占比极重，达 71.18%，因此要实现碳中和改变能源结构势在必行。

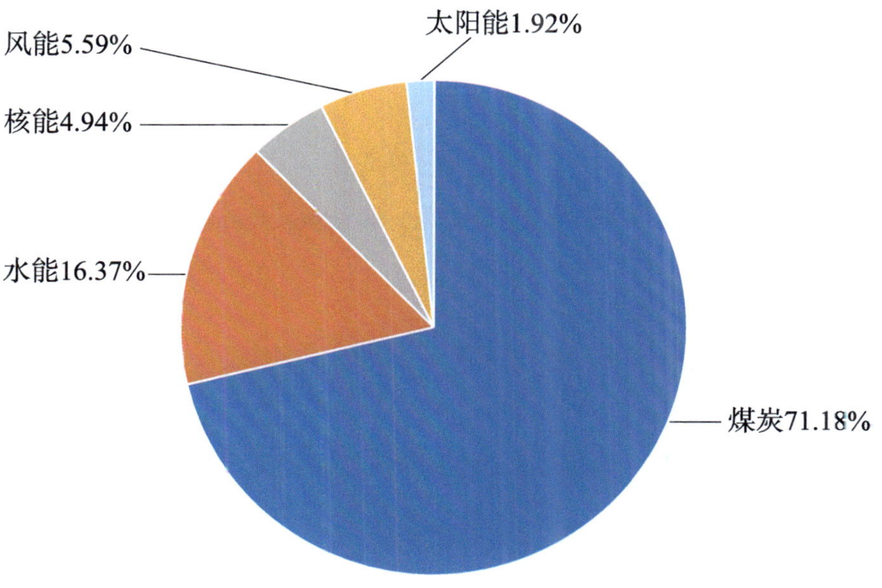

能源结构示意图

（六）清洁能源发电

各种减碳发电技术，如风能、水能、太阳能、生物质能等发电，都是有利于减排二氧化碳的方式，这些统称为洁净能源。预计 2050 年清洁能源发电量达到 10 亿千瓦时并可满足 17% 的电力需求。下表为不同发电方式单位产电量排放的二氧化碳。

不同发电方式单位产电量排放的二氧化碳

发电方式	风力发电	火力发电	水电	光伏发电	生物质	核电	天然气发电
二氧化碳排放量 /（克 /（千瓦 · 时））	17.8	800	3.5	50	200	11.9	499

单位产电量排放的二氧化碳由小到大的顺序依次为：水电＜核电＜风电＜光伏发电＜生物质发电＜天然气发电＜火力发电。

三 实践：设计风力发电站

（一）驱动性问题及问题分解

作为一名气象工程师，你知道如何利用气象优势，设计并指导风力发电站的建设吗？

亲爱的同学们，我们就要开始整个项目了，你们一定对我们即将要探索的项目内容感到兴奋吧，就让我们一起思考，并列出自己的探究计划和驱动性问题分解，同时记录在下面的问题链中。

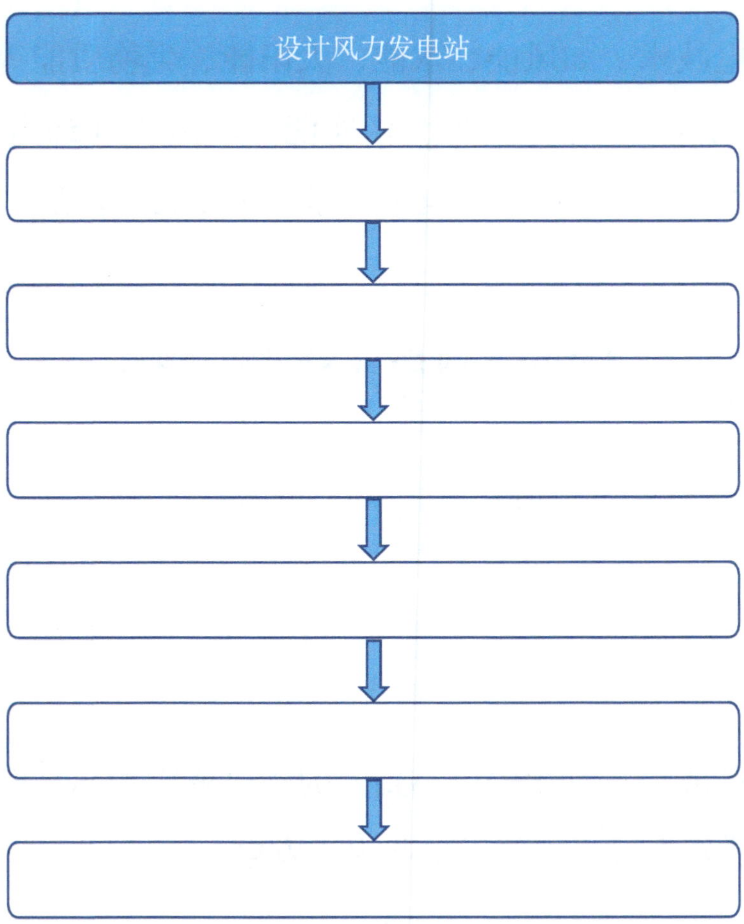

（二）项目实施

子项目一：风电发电站的选址

（1）数据收集

风力发电的要求是风能资源丰富，常规大型风力发电站选址一般需要当地年平均风速在 5 米 / 秒以上，有效风力时数在 6000 小时以上。同学们可以收集当地气象局或学校气象站的统计数据，计算出当地的年平均风速，以及有效风力时数，评估一下能否达到建设风力发电站要求。

统计年份	气象站地点	年平均风速	最大风速	有效风力时数
评估结果				

（2）课后调查

为了经济高效地利用风力发电，风资源丰富只是风力发电站的建造需要满足的条件之一。那风力发电站选址还需要满足哪些条件呢？

请同学们课后利用网络或查阅相关书籍文献，完成下方表格。

风力发电站建造满足条件	
气象条件	
地理条件	
社会条件	
其他条件	

子项目二：风力发电机类型的选择

风力发电机是先将风能转换为机械动能，最终输出电能的电力设备。风力发电机一般有基座、电力供应系统、塔、发电机、配电装置和管理系统、旋转叶片等装置组成。

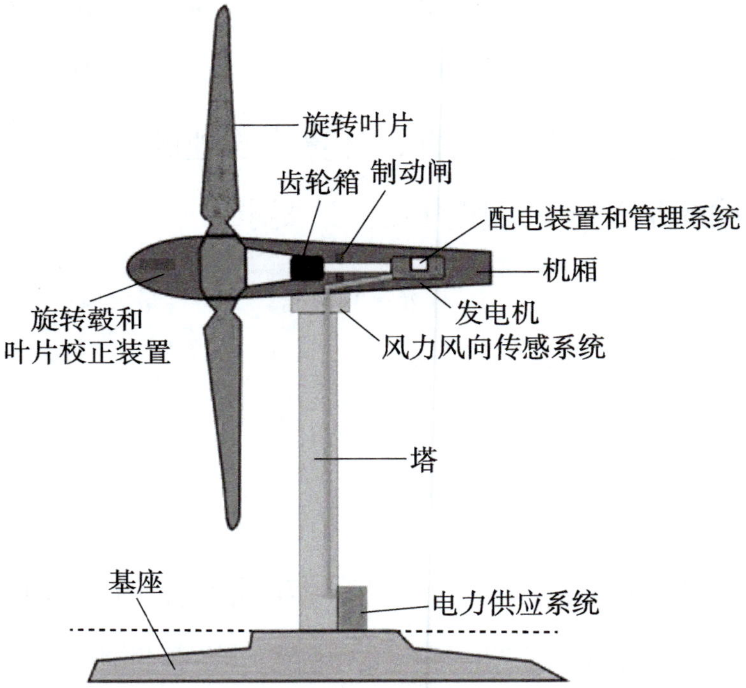

风力发电机结构

尽管风力发电机多种多样，但归纳起来可分为两类：①水平轴风力发电机，风轮的旋转轴与风向平行；②垂直轴风力发电机，风轮的旋转轴垂直于地面或者气流方向。

水平轴风力发电机

垂直轴风力发电机

课后调查

关于水平轴风力发电机及垂直轴发电机的优缺点，请同学们课后通过搜集资料做一下对比，并将搜集到的相关信息填入下表。

分类	优点	缺点
水平轴发电机		
垂直轴发电机		

子项目三：设计风力发电站

2～3 人一组讨论交流。

（1）你们所设计的风力发电站应用场景拟在哪里？想解决什么现实问题？有何创新点？

（2）讨论交流：你所设计的风力发电站选用何种类型？是否和使用场景匹配？

（3）绘制设计方案

两人一组，根据所提供的材料，针对风力发电站应用场景、实现功能等相互讨论协商、确定设计方案，并将设计草图画在下方。

子项目四：制作风力发电站

（1）任务：

在这个模块中你将利用课程配套器材箱中提供的开放式材料设计制作一个小型风力发电站，并完成调试校准及发电、供电测试。

（2）材料：

扇叶桨、垂直轴桨、直流发电机、电压表、稳压器、电源线、充电器、蓄电池、LED 灯、雪弗板、橡皮泥、彩色卡纸、彩笔、沙盘制作材料等。

（说明：在风力发电机制作中，有水平轴式和垂直轴式两种方案材料可供选择。）

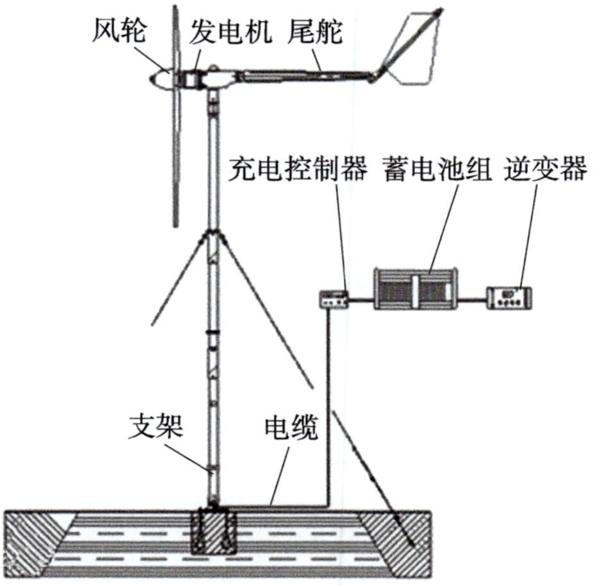

风力发电设备结构示意图

（3）工具：

学生胶枪、胶棒、剪刀。

（4）制作：

将设计方案展示给老师，老师针对你们的设计方案会给出评估结果及建议。当老师对你们的方案认可后，就可以开始动手制作了。制作风力发电机时，不管都选了水平轴或者垂直轴式，都应该对它的特点熟知，并对其特点做适应性设计制作。

（5）由于风力大小的不确定性，风力发电直接输出的电压是不稳定的，需要接入一个稳压器。

（6）在提供的材料中有蓄电池，风力发电机发的电经过稳压器的电可以选择直接输出使用，也可以选择存入蓄电池中再使用，你们在制作中要根据应用场景灵活选择使用。

（7）制作过程中涉及一些工具的使用时，请注意安全。

（8）测试：

制作完成后，先检查电路部分是否存在短路。确认无误后，使用吹风机吹动风力发电机，检查风力发电机工作状态，观察电压表示数及负载工作状态，并记录数据。

记录日期	风速 /（米 / 秒）	电压表示数 / 伏	负载工作状态

（三）改进

经过测试后，你们发现了哪些问题，你们又是怎样改进的？

序号	问题	改进方法
1		
2		
3		

四　项目评价

项目评价见下表。

评价维度	0～1 分 （差）	2～3 分 （良）	4～5 分 （优）	分值
设计新颖性	创新性较弱，几乎无新颖性，已有类似样式	有一定的创新性，但实用性不是特别强，存在一定的问题	创新性较强，有一定的实用性，样式新颖	
作品功能	作品几乎不能正常进行展示，存在的问题较大	作品可以进行发电，略有缺陷，运行不稳定，需要改进	作品运行良好，可以进行正常发电，且负载运行正常	
作品美学	作品比较丑陋，无明显美学修饰痕迹	作品有美学设计痕迹，但有些地方处理得并不是特别美观	作品较为美观，细节地方处理得比较细腻，场景内容丰富	
答辩展示	语言组织混乱，不清晰	答辩过程较为流畅，表现良好	答辩条理清晰，优秀	
总分				

主题五
成为天气主播

一　引言

二　知识补能站

三　实践：录制我的天气预报

四　评价

一　引　言

天气预报很多人都很关注，常看电视的人会发现，19 点 30 分的天气预报总有一位主持人首先出来解释全国天气或者重点天气，为什么不直接预报各地天气呢？这位主持人主要是对全国的天气情况进行梳理，告诉观众天气的整体发展趋势，一方面带着观众了解天气的演变，另一方面也是在对公众进行气象科普。

天气预报主持人在节目中起到了穿针引线的作用，让大家对天气的发展演变有了较为直观的了解。

（一）何为主持人

“主持”是从节目形态的变化中产生的传播行为，这种节目形态的显著特点就是双向交流。

广播、电视主持人节目的核心是主持人，他有一定语言表达能力，有采访、评述能力并且思维敏捷。有一定创造性的主持人会使节目锦上添花；相反则会使节目黯然失色。

主持人除了要具备播音员对于吐字发声的要求以外，还需要对节目的内容和方向进行把控。主持人在节目中，主要负责节目的进展，以及对节目整体形态和方向进行把控。所以说，主持人是整个节目的灵魂。

由于主持人和播音员一样，具有推广普通话的任务，所以，省级电视台以上的播音员主持人都需要具有普通话一级甲等的水平，并具有播音员主持人上岗工作证。

（二）气象节目主持人和其他主持人的区别

气象节目主持人和其他类型的主持人有相似处，但更多的则是不同。顾名思义，“气象”二字就给这类主持人进行了定性。气象节目国内现在主流有两类，一类是预报节目并出镜的，还有一类属于气象访谈类。

从形式上讲，气象节目主持人的形式较为简单。目前，我国的气象节目主持人主要以站播形式为主，景别上以全景和中景为主；其他主持人的景别以全景和近景为主。从内容上说，气象节目主持人的节目都以气象为核心，内容单一但专业权威。从对主持人的要求上说，气象节目主持人对于气象知识的掌握有一定的深度，主持人都需要进行气象知识的相关培训考核，合格后才能上岗。

所以气象节目主持人不仅需要良好的语言能力，还需要具备一定的气象专业能力。

（三）学习播音主持专业的优点

在日常生活中，语言有着极其重要的作用。

首先，我们在日常的工作学习生活中，需要语言来交流思想，能够准确表达自己的思想才能够更好地进行沟通，才能让我们的工作更加顺利。说话也是一门艺术，能为我们的工作生活增光添彩。

其次，良好的语言表达能提高学习成绩。语文是各大学科的基础，准确地阅读理解能够让学生更加精准地了解文章的含义，看懂出题的目的，所以在现实生活中，我们也发现，文科学习好的学生，语言表达能力也更强。

最后，语言是人类的另一张面孔。优美的声音、幽默的语言、清晰的表达，会给人留下深刻的印象。

（四）交流探讨

你认为气象节目主持人和其他主持人还有什么区别。

你认为标准普通话需要在全国进行推广吗？

你来设想一下未来的天气预报主持人会如何工作。

二 知识补能站

气象节目主持人之所以和其他主持人有根本性的差别就是在于需要掌握气象专业知识。根据目前的情况，作为气象节目主持人需要熟练掌握 33 种天气符号。

在我们日常看到的天气预报节目中，主持人的背景是一幅全国地图，在地图上有各种各样的天气符号，这些符号代表了不同的天气。因为电视天气预报节目是面对广大普通观众的，所以这些天气符号必须简单明了，让观众一看就知道该符号代表了什么样的天气。

（一）了解天气现象

我们国家幅员辽阔、地形地貌复杂，所以在同一天里天气会出现迥然不同的情况，作为天气预报节目主持人就要对这些天气符号做到了然于胸。由于天气复杂、天气现象比较多，对于天气预报主持人来说，只需要掌握常见的基本的 33 种天气符号即可（参考国家标准 GB/T 22164—2017《公共气象服务　天气图形符号》）。

1. 没有降水的天气

晴、多云、阴、浮沉、扬沙、沙尘暴。

2. 降水天气

阵雨、雷阵雨、小雨、中雨、大雨、暴雨、特大暴雨、雨夹雪、小雪、中雪、大雪、暴雪、阵雪。

3. 能见度相关天气

雾、霾。

4. 气温

我国使用的是摄氏度，用℃来表示。

（二）掌握预警信号

中国气象局发布的气象灾害预警信号（以下简称预警信号）种类常见分 14 种，总体上分为蓝色、黄色、橙色和红色四个等级（Ⅳ、Ⅲ、Ⅱ、Ⅰ级），分别代表一般、较重、严重和特别严重。预警信号由名称、图标、标准和防御指南组成，分为台风、暴雨、暴雪、寒潮、大风、沙尘暴、高温、干旱、雷电、冰雹、霜冻、大雾、霾、道路结冰、雷雨大风、重污染天气等。

思考题

1. 预警信号分几类，每一类都代表什么意思？

2. 在播报气温时，每一个气温都读“摄氏度”吗？例如：北京今天的气温是 5 到 10 摄氏度。

课后练习

1. 打乱天气符号，随机抽取几张，看看你能准确识读吗？

2. 尝试跟读电视台播放的天气预报，看看你能跟上播音员播报的速度吗？

（三）掌握地理知识

大家在看天气预报节目的时候，经常会听到主持人这样播报：在我国的西北地区将会出现降温天气，而东南地区的气温将会继续回升。这里所强调的“西北”和“东南”就是一个地理概念。我国幅员辽阔，为了便于大家的记忆，专家对中国进行了区位划分。最新版的气象地理区划规范按照“通用通识、通俗易懂、精细准确”原则，规定了中国陆地的气象地理分区，主要适用于国家级决策气象服务和公众气象服务中地理位置描述。该区划将中国陆地气象地理区划分为地区区划、特定区域区划和流域区划三类，并规范了三类各级区划的名称和所辖范围。

1. 一级地区区划

一级地区区划是将中国陆地划分为 10 个地区，分别为华北地区、东北地区、华东地区、华中地区、华南地区、西南地区、西北地区和内蒙古地区、西藏地区、新疆地区，上述 10 个地区所辖范围如下图和下表所示。

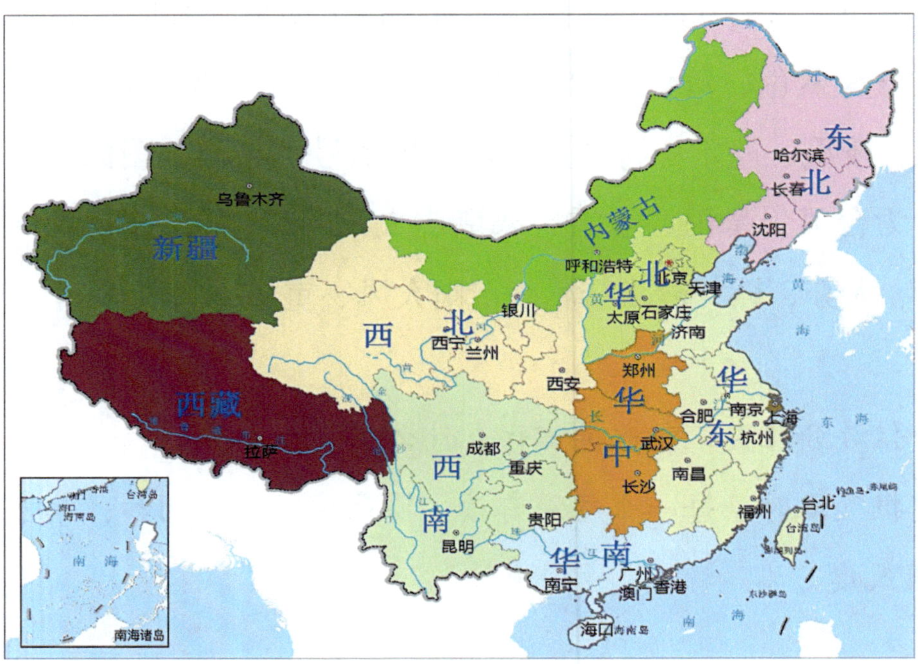

中国陆地气象地理一级地区区划图

中国陆地气象地理一级地区区划及所辖省（自治区、直辖市）

序号	分区	省（自治区、直辖市、特别行政区）
1	华北地区	北京、天津、河北、山西
2	东北地区	辽宁、吉林、黑龙江
3	华东地区	上海、江苏、浙江、安徽、福建、江西、山东、台湾
4	华中地区	河南、湖北、湖南
5	华南地区	广东、广西、海南、香港、澳门
6	西南地区	重庆、四川、贵州、云南
7	西北地区	陕西、甘肃、青海、宁夏
8	内蒙古地区	内蒙古自治区
9	西藏地区	西藏自治区
10	新疆地区	新疆维吾尔自治区

2. 特定区域区划

特定区域区划是指气象服务中长期使用并广为接受的常用地理区划。总计 11 个地区，分别为北方地区、南方地区、中东部地区、东部地区、长江中下游地区、青藏高原地区、华西地区、黄淮地区、江淮地区、江南地区和江汉地区。

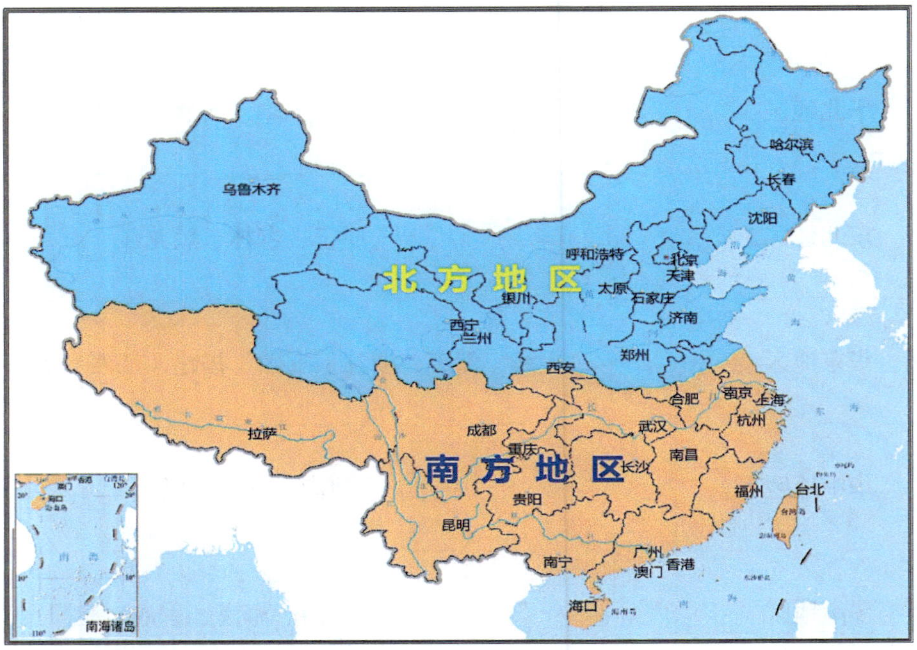

南北方特定区域区划示意

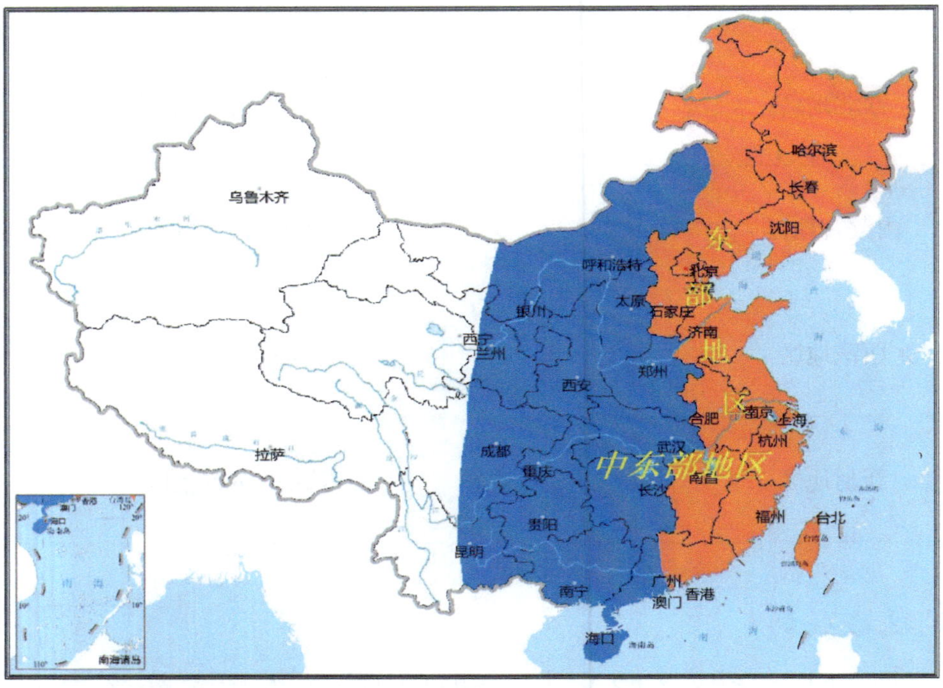

中东部、东部特定区域区划示意

3. 流域区划

我国大江大河较多，这些河流影响地区也较为广泛，总计划分为七大流域，分别为长江（含太湖）流域、黄河流域、珠江流域、淮河流域、海河流域、辽河流域和松花江流域，并规范了各流域的二级子流域名称及其覆盖的省（自治区、直辖市）。

全国七大流域区划及其覆盖省（自治区、直辖市）

一级流域	二级流域	覆盖省（自治区、直辖市）
长江	3 个： 长江上游（宜昌以上）、 长江中游（宜昌—湖口）、 长江下游（湖口以下）	19 个： 西藏、青海、甘肃、陕西、河南、四川、云南、重庆、贵州、广西、广东、湖南、江西、福建、湖北、安徽、江苏、浙江、上海
黄河	3 个： 黄河上游（内蒙古托克托县河口镇以上）、 黄河中游（内蒙古托克托县河口镇至河南荥阳桃花峪）、 黄河下游（河南荥阳桃花峪以下）	9 个： 青海、四川、甘肃、宁夏、内蒙古、陕西、山西、河南、山东
珠江	4 个： 西江、北江、东江及珠江三角洲	6 个： 云南、贵州、广西、广东、湖南、江西
淮河	4 个： 淮河上游（王家坝以上）、 淮河中游（王家坝—洪泽湖）、 淮河下游（洪泽湖以下）、 沂沭泗水系	5 个： 河南、山东、江苏、安徽、湖北
海河	3 个： 滦河、海河、徒骇马颊河	8 个： 北京、天津、河北、内蒙古、山西、辽宁、河南、山东
辽河	4 个： 西辽河、东辽河、辽河干流、浑太河	4 个： 内蒙古、吉林、辽宁、河北
松花江	3 个： 嫩江、西流松花江（松花江吉林段）、松花江干流	4 个： 内蒙古、黑龙江、吉林、辽宁

由于天气预报节目最终面向的是广大受众，所以在语言表述的时候，一定要按照最新版本的《气象地理区划规范》中的区划名称规范使用。

思考题

（1）我们为什么要对地理进行区划？

（2）在实际生活中，地理区划对我们有什么帮助？有什么不足？

（3）你所在的城市属于哪个地理区划范畴？

（4）你所在的省份有哪些水系？

课后练习

（1）面对地图，可以是纸质版的，也可以是电脑版的，给同学或者家长讲解我们的地理区划。

（2）将不同地区区划打印出来，像洗扑克牌一样，打乱他们的顺序，随机抽取后来进行辨别。

（四）气象节目主持人行业规范及注意事项

由于气象节目主持人的行业特殊性，对于气象节目主持人的要求也和其他主持人有所差别。目前气象节目主持人已经有了行业标准，所以必须先满足这些标准才能具备出镜的资格，这些标准如下：

（1）具有国家广播电视总局颁发的《中华人民共和国播音员主持人资格证》；

（2）从事普通话节目的，普通话水平测试应达到相应等级；

（3）熟练掌握基本的气象相关知识；

（4）熟练掌握基本的地理区划。

注：根据相关法律法规，省级以上媒体从业主持人，《中华人民共和国播音员主持人资格证》要求A级；普通话水平测试为一级甲等。

（五）气象节目主持人录制时注意事项。

由于日常天气预报节目主要以虚拟抠像形式为主，在演播室中，主持人的背景是纯绿色或者蓝色，所以在录制时要注意服装不能与背景的颜色重合，也不能穿着相似颜色的衣服。例如，在绿抠背景时，黄色的衣服也会被抠除，因为黄色是由红色光和绿色光叠加而成，红光、绿光混合可产生黄光。

还要避免穿着带有格子纹或者条纹纹饰的服装，这些纹饰会与摄像机的成像原理构成冲突，造成拍摄的画面会呈现出水波样的抖动，达不到播出标准，也会对主持人的形象造成影响。

服装的穿着上应该尽量以修身为主。有些主持人喜欢宽大的衣服，生活中看着很舒服，甚至还会让自己显瘦，但是经过电视的处理后，这些衣服会显得拖沓、不利索。修身的衣服不仅会让我们的主持人显得干练，也会让主持人显得苗条。

根据构图的需要，主持人在录制时，往往会占据画面一侧，所以在站姿上，并不是和摄像机完全平行，而是会呈现 5 度左右的夹角。在录制指图时，大多数情况都是用主持人的左手进行指图，所以有部分时间会给观众呈现半边脸的情况。

主持人在录制天气预报时最难的就是和天气图的互动。我们生活在多维空间，但是电视画面只是二维的，当我们看到天气图上“前方”的概念时，大脑给出的指令是向前，这时电视上所呈现的则是一只手掌由小变大的过程。要解决这个难题，需要我们大脑转换空间概念，将“向前”的意识转变为“向我左侧”的意识。当然，这需要有一个熟练的过程。

（六）交流探讨

你还发现了天气预报中的哪些问题？

你对天气预报主持人出镜时的状态还有什么要求和问题?

课后作业

在家中找一背景简单的处所，录制一期天气预报节目。录制中，课上强调的知识点和容易出错的地方在录制时尽量注意。

三 实践：录制我的天气预报

（一）识别天气图

根据给出的天气图回答问题。

问题：

降水最强的区域在哪里？请用一句话来描述该地区的降水走向。

简单介绍西南地区的天气情况。

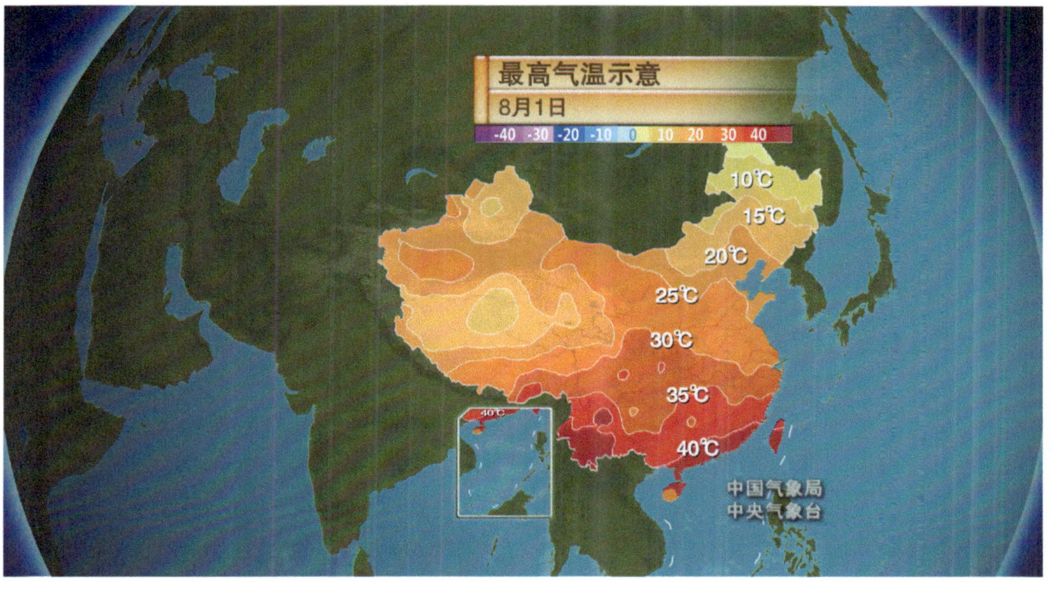

问题：

气温达到或者超过 40 ℃的区域有几片？

气温超过 40 ℃的地区哪片面积最大？包含了几个省（区、市）？

气温最低的地区在哪里？

（二）录制天气预报主持人视频

根据前面的图形（请选择其中一幅），请写一段 300 字左右的天气预报稿件，熟悉稿件和图形后，录制成完整的天气预报节目。

四　评　价

以下是评价打分表。

评价打分表					
评价点	0～2分，有待提高	3～5分，一般	6～8分，良好	9～10分，优秀	总分
服装、化妆发型	没有化妆，没有发型、服装随意	发型较为简单，妆面过于浓，衣服不合体	发型适合脸型，妆面较干净，服装基本得体，比较大方自然	发型和主持人配合完美，妆面干净大方，服装设计和颜色符合主持人气质及节目需求	
站姿	松垮、驼背、手势僵硬、不自然	有些紧张，站姿不能持续稳定，手势不自然	站姿较好，但是不够自然	站姿松弛自然的同时又能做到挺拔、大方	
语音面貌	有明显的地方语音，例如前后鼻音不分等	有少量语音问题，有一定的讲述能力	没有语音问题，但在交流和讲述方面不足	没有语音问题，语言流畅自然，交流、讲述能力强	
天气、地理信息	天气、地理信息不准确，出现了5次以上的失误	天气、地理信息不准确，出现了3次以上的失误	天气、地理信息基本准确，有1～2次的失误	天气、地理信息准确，偶有1～2次的失误，但在录制时及时纠正	
服务信息	没有相应的服务信息出现	有服务信息出现，但是和天气相关度不高	有与天气相匹配的服务信息，但是相对简单	有与天气相匹配的服务信息，并且和天气融合较好	